小儿好养

锦溪妈妈私房育儿秘笈

徐锦溪　陈治锟　编著

中国中医药出版社
·北　京·

图书在版编目（CIP）数据

小儿好养：锦溪妈妈私房育儿秘笈 / 徐锦溪，陈治锟编著 . — 2 版 . —北京：中国中医药出版社，2017.7
ISBN 978-7-5132-4070-3

Ⅰ . ①小…　Ⅱ . ①徐…　②陈…　Ⅲ . ①婴幼儿—哺育　Ⅳ . ① TS976.31
中国版本图书馆 CIP 数据核字（2017）第 052929 号

中国中医药出版社出版
北京市朝阳区北三环东路 28 号易亨大厦 16 层
邮政编码　100013
传真　010 64405750
廊坊市晶艺印务有限公司印刷
各地新华书店经销

开本 710 × 1000　1/16　印张 11.5　字数 135 千字
2017 年 7 月第 2 版　2017 年 7 月第 1 次印刷
书号　ISBN 978 – 7 – 5132 – 4070 – 3

定价　49.90 元
网址　www.cptcm.com

社 长 热 线　010–64405720
购 书 热 线　010–89535836
侵 权 打 假　010–64405753

微信服务号　zgzyycbs
微商城网址　https://kdt.im/LIdUGr
官 方 微 博　http://e.weibo.com/cptcm
天猫旗舰店网址　https://zgzyycbs.tmall.com

如有印装质量问题请与本社出版部联系（010 64405510）

一位营养师妈妈的育儿宝典

人生如同一场华丽的戏剧，而生命的萌发则奇迹般地开启了演出的大幕。从一个小小的受精卵开始，不断分裂、聚合，逐渐成长，经过日日夜夜漫长的孕育，一朝呱呱坠地，嘹亮的啼哭犹如赞美诗一般滋润着爸妈的心田，而后会坐、会爬、会走、会说话……演出越来越精彩……

这些精彩的演出都是源于两个生命的爱，这份爱从彼此之间延续到另一个小生命的身上。为了这个小小的生命，男人失去了想要的自由，毫无怨言地舍弃了爱好；为了这个小小的生命，女人失去了苗条的身材，义无反顾地承受了煎熬。这个小小的生命被他们称为——“宝宝”。

这是一个缔造和成就生命的旅行，路上有阳光、有花香；也会有高山、有险滩。这本书会带你闻着花香、沐浴阳光、飞越高山、绕过险滩，跟你爱的人顺利地启动幸福之门，演绎一家三口的幸福温馨……

准备好了吗？精彩的演出开始了。

徐锦溪

2014年5月

内容提要

本书作者融合提炼了营养学、心理学的专业知识和养育健康孩子的丰富经验，以独特个性的视角，以风趣轻松的形式，以通俗易懂的语言，阐释了从新生命的孕育到宝宝出生后各个阶段营养补充的要点，选用了适时的私房育儿食谱，解决了养育宝宝遇到的各种问题，特别是爸爸角色的转换；更加入了抚触按摩缓解小儿常见病症和生病宝宝需要的营养支持等精彩内容。

新手爸妈还为养儿发愁吗？本书精准的定位和实用的指导让您一书在手，育儿不愁。

此书得到了作为孩子父母的著名演员陈建斌、蒋勤勤夫妇，中国保健协会食物营养与安全专业委员会会长孙树侠，中央人民广播电台香港之声花样年华主持人雅雯，北京人民广播电台爱家广播宝贝计划主持人滕兵联合倾情推荐。同时也得到了刘晓楠、房延龙、周美荣、景子芮、李维维、姜影等好友的大力支持，在此一并深表感谢！

对宝宝要精心呵护，学育儿需正确指导。此套福娃“秘笈”，内容专业贴近生活，制作新颖与时俱进。实现中国梦，拥有健康娃。

首都保健营养美食学会执行会长

2014年6月1日

目录

第3章

第4章

第1章

助你好孕

——准爸辣妈孕前备战指南

在婚礼进行曲仍余音绕梁之时，或二人世界的日子过得有点厌烦之日，又或父母唠叨到承受能力极限之处，抑或被朋友接连荣升为奶妈奶爸刺激之后，小两口突然觉得，“制造”出个小接班人的事应该提上日程了，传宗接代的事应该紧锣密鼓地实施了，于是各种酝酿、各种准备、各种计划……

步骤一：开垦出一片肥沃的“土地”。

步骤二：培育出精良的“种子”。

步骤三：打造出一个高级大“house”。

终极目标：生个健康、聪明的优质宝宝。

目标是清晰的，但是道路是曲折的，有时甚至会南辕北辙。比如听别人说要吃“无所不能”的保健品，于是就忙着四处打听吃什么牌子、吃哪国的、吃几种；比如听别人说吃好睡好、养精蓄锐最重要，于是没事儿除了吃就是躺着，厨房和冰箱、床和沙发的利用率激增；比如听别人说生男娃得吃啥、吃点啥准能生女娃，于是就按着“秘方”专一地、每天不辍地、吃顶了也不罢休地执行。各种传说、各种偏方、各种跟风成了备孕小两口“不能让孩子输在起跑线上”的理论指导。

我理解小两口的心情，但做法恕我不能推崇。孕育一个健康的宝宝是人生大事，固然要计划、要重视，但更重要的是科学的准备和理性的选择。怎么才能做到这两点呢？怀有一颗平常心，加上以下给您的几点建议，在有生育计划的半年到一年内开始实施，一个健康的宝宝在不久的将来就会萌芽啦！

合理化饮食，助孕奠磐石

各位备孕小两口请看过来，孕前自测20问，测试一下自己的“饮食习惯”是不是符合备孕条件。

- 你的生活节奏快吗?
- 你时常加班吗?
- 你经常熬夜吗?
- 你每天面对电脑超过三个小时吗?
- 你每天根本就没时间运动，每周保证不了三次、每次一小时的运动吗?
- 你三餐不能按时吃吗?
- 你不吃早饭吗?
- 你三餐都在外边吃吗?
- 你的晚餐占一天三餐的比例最高吗?
- 你经常吃夜宵吗?
- 你是无酒不欢吗?
- 你是无肉不欢吗?
- 你是烟民吗?
- 你常吃煎烤熏炸的食物吗?
- 你常吃快餐吗?
- 你基本不吃粗粮吗?
- 你不爱吃绿叶蔬菜吗?
- 你秉承“咸中出味”、钟爱汁浓味厚的菜肴吗?

♥ 你有饮浓茶、每天喝两杯以上咖啡的习惯吗?

♥ 你觉得“好吃”（顺口爱吃的）比“吃好”（吃得营养健康）重要吗?

拥有以上一条，您的饮食习惯、生活习惯就“光荣”地获得了一张“黄牌”。各位，您“连中几元”呢? 您是“被罚下”还是“被停赛”了呢? 您是躺着也中枪还是中N多枪后悲愤地躺下了呢? 做测试的目的在于提醒各位：良好的饮食习惯是“沃土”和“良种”的基础。

正像孕育宝宝不是女人一个人的事一样，备孕也是小两口共同的课题，孕前夫妻俩都要改变长期形成的不良生活习惯和饮食习惯。妻子在营养素摄入及时、充足的情况下，在良好作息习惯的支持下，才能保证“土壤肥沃”，才能应对孕期母体生理上日新月异的物理、化学变化；丈夫在戒烟戒酒、合理饮食、睡眠充足、锻炼有节的基础上，才能拥有精良的种子，一击即中，从而完成优质基因得以繁衍继承的大业。

怎样的饮食习惯和饮食结构才是合理和“高级”的呢?

1.食物新原则，宜全不宜拣

世界上没有一种食物能给我们带来全面的营养，所以食物的种类就需要越多越好，谷类、蔬菜、水果、大豆、牛奶、肉类等一个都不能少。养成全面饮食的好习惯，不要挑三拣四，也为了日后给宝宝做榜样，因为父母的饮食习惯将直接影响到宝宝的健康。

2.主食要足量，粗细巧搭配

我们每天都在吃主食，可究竟多少才是“足量”? 为什么非得粗细搭配呢？想健康，不但要吃好、吃够主食，而且还必须做到粗细搭配，这是非常有必要的。为什么这么做？请接着往下看吧！

第一，保护大脑更健康。主食对于我们来说很重要，它给我们提供的能量占全天需要总能量的55%~60%，而且主食给我们提供的大量淀粉在体内会分解成葡萄糖。人体的很多器官、组织，特别是大脑、红细胞等，均需要能量，葡萄糖是它们所需能量的唯一来源。现在很多人为了减肥或者保持曼妙的身材而拒绝主食，这是非常不靠谱的。如果身体没有葡萄糖来供能的话，就会去分解脂肪和蛋白质，后果就是让身体产生过多的酮体，非常不利于身体健康。如果保持这个不吃主食的习惯到孕期，那么体内产生的酮体就会对胎儿的大脑造成非常不好甚至可以说是恶劣的影响，从而影响宝宝以后的智力。所以，吃好主食可以让大脑更健康。

第二，粗细搭配更营养。很多年轻人不喜欢吃粗粮，觉得口感不好，殊不知粗粮带给我们的营养成分要远比白米、白面多得多。一粒营养充足的种子，经过精细加工成白米、白面，损失了大量的膳食纤维、矿物质、维生素（尤其是B族维生素）、脂类等，留下来的大部分是淀粉。膳食纤维可以吸水膨胀，引起饱腹感，避免人体摄取过多的能量；可以促进胃肠蠕动，有利于肠道有益菌群的增加，预防便秘；膳食纤维进入肠道还可以阻止胆固醇的吸收。因此，适当吃粗粮可以帮我们有效预防肥胖、高脂血症、便秘、心脑血管疾病、糖尿病等。说到这里，您可别以为粗粮这么好，那就使劲儿吃吧！吃粗粮过量，摄入过多的膳食纤维，反而会造成腹胀、便秘等现象，而且粗粮中含有大量的植酸，它会影响钙、铁、锌等营养素的吸收，所以说吃粗粮要适量。以我们现在的饮食结构，每天粗粮的摄入量占主食量的1/3~1/2为宜，不要超过1/2。在吃粗粮的时候，可以选择一些发酵类的来吃，比如杂粮馒头。因为粮食在发酵过程中可以产生一些植酸酶，它能破坏植酸，提高钙、铁、锌等矿物质的吸收率。另外，还可以多吃一些富含维生素C的新鲜蔬菜、水果，这样也可以增加钙、铁、锌的吸收。

3.荤素搭配，备孕不累

主角小两口，真是天生一对，一个就爱吃肉，一个怕胖就吃蔬菜。我想这个现象是很普遍的。虽然普遍，但是这是个坏习惯，一定要改掉。肉类食物能给我们提供优质的蛋白质，恩格斯曾经说过："蛋白质是生命的基础，没有蛋白质就没有生命！"是的，人类从看不到的受精卵成长到呱呱落地的婴儿，再到成人，其实就是一个蛋白质的积累过程。不过，在我们每天所需要的蛋白质中，要确保一半是优质蛋白。那么，优质蛋白从哪里来？不管是红肉还是白肉，都能给我们提供大多数的优质蛋白。有人说，既然白肉好，那我就只吃鱼肉、鸡肉，不吃红肉，那个热量太高！其实，不管是红肉还是白肉，都有它们的优势，还是都要吃一些。白肉就是我们经常说的禽肉、鱼肉和其他海鲜类，除了能给我们提供蛋白质之外，这些肉的脂肪含量相对低一些，还能提供不饱和脂肪酸，也就是对身体有益的脂肪。那么红肉呢，也就是我们经常说的猪、牛、羊等畜肉，它们的优势在于能给我们提供身体需要且吸收良好的铁！尤其是女性，由于每个月都有月经，相对男性来说铁的流失量较大，也是缺铁性贫血的高发人群，再加上怀孕后还要把体内的一部分铁分给宝宝，所以就必须要保证自身铁含量的充足，红肉是个不错的选择。

我们再来说说蔬菜。它给我们带来了什么？首先，蔬菜热量低，有助于控制体重。第二，蔬菜富含维生素和矿物质，如维生素C、β胡萝卜素、维生素B_2、叶酸、钾、钙、镁等营养素，这些都是我们身体所必需的，尤其是叶酸，是孕前及孕期都需要及时补充的营养素。第三，蔬菜是膳食纤维的重要来源，刚才在说粗粮的时候我们已经说了膳食纤维的重要性了，含膳食纤维比较丰富的蔬菜有根芹、毛豆、豆角、秋葵、紫甘蓝等。第四，蔬菜含有丰富的植物化学物质。什么叫植物化学物质？就是除了我们经常说的维生素、矿物质、蛋白质等营养素之外的一些具有保健作用且存在于植物中的物质。例如，存在于成熟番茄中的番茄红素，存在于大蒜里的大蒜素，存在于香菇中的香菇多糖，存在于海带、木耳中的海藻多糖等。这些植物化学物质具有调节免疫力、抗肿瘤、降低胆固醇等作用。据世界癌症研究基金会和美国癌症研究所的研究证实：蔬菜、水果能降低口腔、咽、食管、肺、胃、结肠、直肠等癌症的危险性，且很可能降低喉、胰腺、乳腺、膀胱等癌症的危险性，也有可能降低子宫颈、子宫内膜、肝、前列腺癌症的危险性。这些植物化学物质能使DNA免受损伤，促进其修复，减少突变。所以，蔬菜带给我们的好处真的是大大的。那么，爱吃肉的你，一定要为了自己的健康和未来宝宝的健康而爱上蔬菜呀！

4.补益天然不费事

市面上有种营养补充剂，叫做维生素EC合剂，对女性很有好处，有抗衰老的作用。其实，利用天然食物，也可以吃出这样的效果。每天一把坚果加一些新鲜的水果，就是天然的维生素EC合剂。坚果中富含维生素E，新鲜的水果中富含维生素C，加起来不就是天然的EC合剂吗？这里我要强调一下坚果的量。都说坚果好，一吃起来就没把门儿的，等回过神儿来，桌子上已经有堆成小山般的坚果皮了。坚果虽好，但不要贪嘴。拿核桃来说，因为核桃能补脑，有的人就一个劲儿地吃，可它还富含油脂，一个中等大小的核桃就含5g油，有的人一天就要吃十几个，这样的话，由核桃摄入的油就远远超过了我们每天需要的总油量。因此，坚果虽好却不是多多益善，每天吃一把（连壳）足矣。

巧用营养素，给娃打基础

备孕备孕，就是为孕期做准备，所以在均衡饮食的基础上，也要注意一些重点营养素的摄入。

1.叶酸不可缺

很多人都知道孕前得补充叶酸。那么，叶酸到底有什么作用呢？其实，叶酸是一种B族维生素，是细胞增殖、组织生长和机体发育不可缺少的营养素。叶酸缺乏除了会造成大家都知道的神经管畸形外，还会导致眼、口唇、胃肠道、肾、骨骼等器官的畸形。我们经常听说的唇腭裂就是其中的一种。另外，叶酸的缺乏还会增加早产的危险。因此，育龄妇女补充叶酸是非常重要的。我们经常吃的动物肝脏、绿叶蔬菜和豆类都富含叶酸，但是，由于现在的烹调方式主要以热加工为主，在这个过程中会损失很多叶酸，所以一般有生育计划的女性都要额外补充叶酸。很多宣传提倡孕前3个月开始补充叶酸，但是怀孕的时间是不受我们自己支配的，而且只有连续补充叶酸4周后，体内缺乏叶酸的症状才能得到改善，所以建议您至少服用3个月叶酸后再采取“造人”行动。除此之外，还要经常摄入富含叶酸的食物，如肝脏、绿叶蔬菜等。

2.足铁防贫血

铁是合成血红蛋白的主要原料，而血红蛋白在血液里肩负着运输氧气和二氧化碳的重任。血红蛋白要把新鲜的氧气输送到全身各处，然后把全身各处产生的二氧化碳输送到肺，最后排出体外。在这个过程中，铁起到了举足轻重的作用。如果铁缺少了，血红蛋白的合成就会减少，运载氧气的能力也相应下降，全身就会处于“缺氧状态”，这就是我们经常听到的缺铁性贫血。由于女性有月经期，所以女性朋友是铁缺乏的高危人群。如果您准备“造人”，那么在孕前就要预防或者纠正缺铁现象。否则，到孕期就容易造成早产、宝贝智力低下等不可逆转的危害。在饮食上，富含铁的食物首选动物血、动物肝脏、红肉，这种动物性食物中的铁更容易被人体消化和吸收。而一些植物性食物含铁量也很丰富，如绿叶蔬菜，但其中的铁不易被人体吸收，建议大家在“补铁”的同时，一定要多吃一些富含维生素C的新鲜蔬菜、水果，这样更有利于铁的吸收。

3.聪明碘护航

碘是用来合成甲状腺素的，以统管我们身体的新陈代谢。如果在孕期缺碘，就会造成母体新陈代谢缓慢，这样母体为胎儿输送的养料就会不及时，将直接影响宝贝神经系统的发育，轻者会影响宝宝的智力，重者则会造成以智力低下、聋哑、性发育滞后、运动功能障碍、语言能力下降及其他生育障碍为特征的克汀病。所以在孕前，母亲体内碘充足是非常必要的。我国碘盐的普及就是消除碘缺乏病非常好的方法。所以，在每天食用碘盐之外，还要注意每周进食一两次海产品，如海带、紫菜、鱼虾、贝类等。

“谣言”不可信，盲从有风险

1.酸碱定性别吗

民间流传着一套决定着生男生女的食谱，认为吃碱性食物能生男孩，吃酸性食物能生女孩。由于家里是几代单传，父母肯定想要个孙子，于是孝顺的小两口就按照这个食谱吃起来，而且妻子还听好姐妹说，要经常用苏打水冲洗阴道，通过改变阴道的酸碱性来决定未来孩子的性别。于是他们就这样行动着……其实，生男生女跟吃酸碱食物一点儿关系都没有。决定宝宝性别的就是X和Y染色体。女性的卵子携带的是X染色体，而男性的精子携带的是X和Y两种染色体。如果女性的X和男性的X结合了，那么性别就是女；如果女性的X遇到了男性的Y，那么性别就是男。

我想，这个“生男生女食谱”也许是根据传说中所谓的“酸碱体质学说”制订的。在我们体内有健全的缓冲和调节体系，在一定的范围内能自动调节体液的酸碱平衡。不同脏器之间的酸碱度存在着极大的差异。比如胃液呈强酸性，pH值在1.5~2之间；胰液属于强碱性，pH值可达8.8；小肠液也属于强碱性，pH值在7.2~7.8之间。虽然各脏器之间的酸碱度差异巨大，但它们分泌的消化液和食物发生作用以后，酸碱度都会发生变化。不管其变化如何，pH值都会调至7.35~7.45之间，不可能出现什么酸性体质。在身体健康的情况下，人体是不会通过摄入食物来改变酸碱性的。一旦改变，人的身体就要遭受伤害。所以，精子、卵子、女性阴道的酸碱性是不会被改变的。一旦女性阴道原有的酸碱度被破坏，就有可能患上阴道炎，这样更不利于精子通过，从而不能受孕。

由此可见，生男生女并不是受我们支配的，不管是男宝还是女宝，只要宝贝健康就好，所以，还是踏踏实实地静候佳音吧！

2.保健品无所不能吗

如今人们的健康意识越来越强烈，于是保健品市场异常火爆。某某两口子经朋友介绍买了一堆保健品，每天一把一把地吃着，说是得补充营养。从此“饭可以凑合，保健品不能马虎”就成了两人的座右铭，每天雷打不动地执行着。对于保健品，我们的意见是：①不要盲目跟风。因为周围有很多人都在吃保健品，大家都把这当成一种时尚。于是，在这个追求时尚的时代，就会有更多的人想成为吃保健品的时尚达人。不管自己的身体是什么状况，盲目跟风，也不管这款保健品是不是适合自己，盲目消费，这是非常不可取的。②不能取代“饭”的地位。营养均衡的膳食才是健康的基础，日常的饮食为我们提供了蛋白质、脂类、碳水化合物、维生素、矿物质等营养素，我想这是小小的一片复合维生素不能提供的吧。在我们这个饮食文化历史非常悠久的泱泱大国里，在工作之余为什么不尽情享受一下健康饮食带给我们的乐趣呢？如果把研究怎么吃保健品的时间和精力用在研究怎样健康饮食上，我想那才是健康的生活。

对于备孕阶段的人来说，应该把重点放在饮食的均衡上，如果实在做不到，可以服用一些营养补充剂，但是一定要“只选对的不选贵的”。在琳琅满目的保健品中，价格高低不一，有人认为价格高的就好。其实不然，请您注意以下几点：①在医师或营养师的指导下购买。②通过正规渠道购买正规厂家生产、有批号、带有“蓝帽子”标志的产品。③选择适合自己的保健品。

总之，请您理性看待保健品，在做到均衡饮食的基础上，如有需要，在专业人员的指导下，科学、合理地补充保健品。切记不要把保健品当饭吃。

爱心助孕餐两款

1.男款——双花咖喱生蚝

食材

主料：生蚝1只、西兰花200g、菜花100g。

辅料：胡萝卜20g、木耳10g、姜2片、亚麻籽油10mL、香油1mL。

调料：盐2g、咖喱酱6g。

做法

（1）生蚝撬开，将肉取出，焯水备用。

（2）西兰花、菜花、胡萝卜、木耳焯水备用。

（3）将锅烧热，倒入亚麻籽油，放咖喱酱炒制30秒，把焯好的蔬菜倒入锅中翻炒1分钟，放盐，加入生蚝翻炒30秒，即可出锅装盘。

> **小贴士**
>
> ● 注意控制油温，不要等油冒烟了再炒菜，而是要热锅凉油操作，这样不但保留了亚麻籽油的营养，还能有效避免油烟中的致癌物对身体的伤害。
>
> ● 蔬菜焯水时要沸水下锅，半分钟后捞出，这样不仅可以去除草酸等抗营养物质，还可缩短炒制时间，从而保留了更多的营养素。

【营养优势】

味道独特，搭配合理，常食可改善男性的生育能力。

（1）生蚝中富含锌、硒这两种微量元素，其是在精子合成过程中必不可少的原材料。这两种微量元素恰恰是现代人比较容易缺乏的营养素。锌和硒的缺乏易导致男性精子的成活率降低，精子和卵子的结合率降低。所以，常吃这道菜可以改善因锌和硒缺乏而引起的不育症。

（2）西兰花、菜花都属十字花科植物，富含异硫氰酸酯的抗氧化植物活性物质，是男性前列腺的防护卫士。

（3）亚麻籽油俗称“液体黄金”，其优势是富含Ω-3不饱和脂肪酸，能衍生出人体重要的遗传物质DNA，同时调整前列腺素以改善肾功能，还具有减轻压力、保持精力充沛、促进细胞健康等诸多作用。

2．女款——红枣核桃豆浆饮

食材

主料：大豆30g、大枣3颗、核桃仁3个。

做法

（1）将大豆泡5个小时以上；大枣洗净去核；核桃仁洗净备用。

（2）将泡好的大豆、大枣、核桃仁一起放入豆浆机中。

（3）待豆浆打好后，盛入碗中即可饮用。

小贴士

- 制作前浸泡大豆可以节省制作的时间。
- 大豆洗净后再浸泡，在浸泡大豆的过程中会有一些大豆中的水溶性维生素溶入水中，所以浸泡大豆的水尽量不要倒掉。
- 夏天气温高，长时间浸泡大豆可能会变质，所以浸泡的大豆最好放进冰箱中冷藏。
- 女人不孕的原因有很多，此款豆浆只能作为改善身体状况的饮品，不能作为治疗不孕的药方。

【营养优势】

（1）大豆中富含绝大多数植物性食物缺少的优质蛋白，是孕育阶段不可缺少的营养素；另外，大豆中富含一种类似雌激素的物质，叫“大豆异黄酮”。它是一种植物营养素，俗称植物性的雌激素，对女性体内的雌激素有双向调节作用，可以稳定雌激素水平。另外，大豆还含有一种特殊的糖类——低聚糖，对增强机体抵抗力、增加肠道有益菌群、预防便秘起到积极的作用。

（2）核桃仁富含优质的油脂，对促进神经系统发育、预防神经系统疾病很有帮助。

（3）在中医理论中，大枣具有补气养血的功效，女性的孕、产、育期间气血消耗很大，常吃适量的大枣有利于气血充盈。

第2章 孕育宝宝的280个日日夜夜

孕吐不可怕，妙招对付它

“我这怀孕反应也太大了吧？！我就不能吃东西，吃点东西马上就吐出来，现在我是吃啥吐啥，姐，不会是孩子不正常吧？我这样吐会不会影响孩子的健康啊？孩子的营养能跟得上吗？会不会影响宝宝的发育啊？”宝妈一脸憔悴，神情中更带着几分忧虑。

给宝妈下马威的家伙叫“孕吐反应”，是孕妇妊娠早期常会出现的一种现象，几乎所有宝妈都会被这个家伙盯上，但由于个体差异，其表现各不相同。有的宝妈只是偶尔觉得恶心、想吐，反应不是特别大；而有的宝妈却被这个家伙折磨得不行，每天吐得翻江倒海。不过，这家伙并不会一直猖獗下去，一般情况下，只要孕期超过3个月，它就销声匿迹了，由它带来的呕吐症状也会慢慢缓解或消失。

“得过3个月啊？算算日子我这还得再吐1个月，这也太不人道了吧？姐，难道就没有什么方法约束一下这家伙吗？哪怕一天从吐十回变成吐五六回也行啊！我都有点不敢吃东西了。”宝妈一脸期盼。我不是救世主，不能救宝妈于水火（而且我更不能剥夺她体验孕育新生命全过程的权利，虽然这个过程有艰辛、有痛苦，可是我知道，在见到小宝宝那一刻，所有的经历诠释的都是甜蜜和幸福），但是我可以教她几招，让“那家伙”有所收敛。

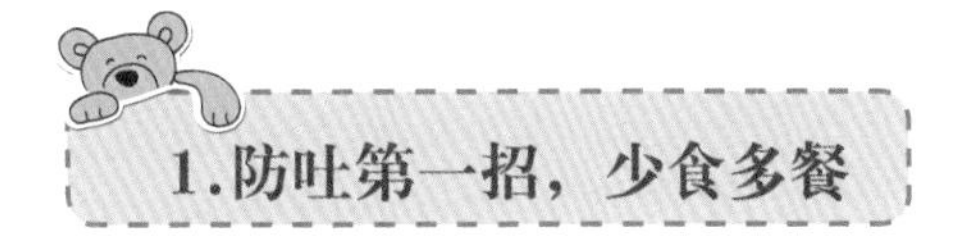

1.防吐第一招，少食多餐

孕吐严重的时候就别再要求孕妇定时、定量规律进餐了，想吃的时候就吃，趁着不吐的时候多吃点。不要勉强自己一定要吃得多有营养，爱吃啥就吃啥，能吃多少是多少，等孕吐停止后再逐渐调整。

2.防吐第二招，补足碳水化合物

碳水化合物是什么？其实就是葡萄糖。碳水化合物能在体内分解代谢成葡萄糖，供机体能量消耗利用。怀孕之后，葡萄糖就显得更为重要了，因为它几乎是胎儿能量的唯一来源。

若孕早期缺少碳水化合物的供给，会对母体和胎儿造成严重的影响，尤其是影响胎儿的大脑和神经系统的发育。所以，孕早期必须保证每日摄入多于150g的碳水化合物，以保障胎儿的能量需要。富含碳水化合物的食物包括谷类、薯类和水果。谷类含量多，一般为75%，薯类含量为15%~30%，水果约为10%。但水果所含的碳水化合物为多糖，例如果糖、葡萄糖可直接被吸收利用，能较快地通过胎盘供给胎儿能量。故而有怀孕的最佳时期在六七月之说，因为那时候有大量的新鲜水果上市。

孕妈妈之漫漫补钙路

只要想到补充营养素，10个人中就有9个人会说“补钙”，可见，“补钙”的观念已经深入人心。但是，具体该吃多少钙？该怎么补钙？吃什么能补钙？宝妈表示满脑袋浆糊，我不得不给她梳理梳理。

1.摄钙应足量

普通人每天需要钙800mg，宝妈在孕中期钙的适宜摄入量为每天1000mg，在孕晚期每天需要1200mg。

（1）宝宝骨骼发育需要钙的参与

孕20周以后宝宝的骨骼生长加快，孕28周胎儿的骨骼开始钙化，仅胎儿体内每日就需要沉积大约110mg的钙。可见，月份越大的宝宝对钙的需要量也越大。如果母体提供不了孩子生长发育所需的钙，那么宝宝降生时出现鸡胸、串珠肋、“O”型腿甚至佝偻病的风险就会加大。

（2）充足的钙是对孕妈妈的一种保护

如果孕妈妈体内的钙质不充足，宝宝就会变得“很自私”，为了生存而去“掏空”老妈体内的钙，这就会导致孕妈妈的骨密度下降，轻则影响产后恢复，重则为更年期后出现骨质疏松埋下祸根。倘若如此极端的手段仍不能满足宝宝的生长需要，上文提到的因缺钙而引起的让孩子痛苦一生的病患很可能就会出现了。

2.牛奶补钙强

“姐，喝奶是不是最补钙？可我一喝完肚子就咕咕叫，得马上跑厕所，就跟闹肚子的感觉似的，不喝了立马就没事，我是不是对牛奶过敏啊？”

牛奶的确是补钙的“先锋”，不仅钙的含量高（100mL的牛奶中就能提供104mg的钙），而且容易被人体吸收和利用，是一种不可多得的天然补钙佳品。那么，如此佳品怎么会让宝妈“闹肚子”呢？这是因为牛奶里含乳糖，如果人体缺乏分解乳糖的酶的话，就会引起肠道不适，如腹胀、腹痛、排气甚至腹泻，医学上把这种现象称为“乳糖不耐受”。

“牛奶补钙效果这么好，可我这一喝一泻的，怎么办啊？”宝妈急着追问。“别急，有办法对付它！记住下面四句口诀，保证让你轻轻松松喝奶补钙两不误。”

> 空腹莫把纯牛（奶）饮，少量多次来喝它（纯牛奶）。
> 不喝纯牛（奶）喝酸牛（奶），还可纯牛（奶）换舒化（奶）。

3.补钙防过量

“看来补钙真的是太重要了，绝对是我们娘俩的头等大事，我宣布每天喝一斤酸奶、一斤舒化奶，再吃点含钙高的海产品，芝麻酱补钙也不赖是吧，那就加个芝麻酱拌菜，为了万无一失再追服一片钙片。姐姐，你看我的补钙大计够周全吧？”这次轮到我让这个极品宝妈弄得满脑袋浆糊了。孔子说得好：“物无美恶，过则为灾。”补钙固然重要，但是单一大量地补充一种营养素会影响其他营养素的吸收和利用，而且牛奶中还富含蛋白质，如果蛋白质补充过多同样会适得其反，加重肝、肾的负担。

4.爱心大爆发之补钙餐——芥蓝核桃炒虾仁

食材

主料：芥蓝100g、核桃3颗、虾仁（鲜）100g。

辅料：大葱适量、食用油20mL。

调料：盐1g、淀粉5g、有机酱油适量。

做法

（1）先将虾仁、芥蓝焯水后捞出备用。

（2）将炒锅烧热，倒入少量食用油后放入葱丝，分别将核桃、虾仁、芥蓝放入锅内，翻炒后勾芡（淀粉、盐、有机酱油、水混合）。

（3）调料与食材混合均匀后出锅。

小贴士

- 芥蓝含有的大量草酸会影响钙的吸收，所以炒前焯水，草酸会溶解到水中，就避免了钙吸收障碍。
- 炒前虾仁焯水，减少了炒制时间，在保证鲜嫩口感的同时，还能保存更多的营养素。

【营养优势】

（1）芥蓝中钙的含量较丰富，是钙的良好来源。

（2）虾仁不但能提供优质蛋白质，而且还是高钙食物，每100g虾仁中含100mg以上的钙。除了牛奶以外，虾仁也是不错的补钙食物，其所含的镁也能促进钙的吸收。

（3）核桃中富含优质的油脂，对促进神经系统发育、预防神经系统疾病起到积极的作用。

别让贫血找上你

“昨天去医院孕检了，血红蛋白95，医生说我是缺铁性贫血，必须补铁，可我平时挺注意补铁补血的啊，每天都吃红枣、木耳啊，怎么还会贫血呢？” 怀孕五个多月的宝妈有点小伤感。

其实，这并不是什么新鲜事，甚至可以说是普遍现象。胎儿越长越大，生长发育的过程需要铁，而且宝宝还需要储存他出生后至少四个月内所需要的铁。可想而知，宝妈如果不及时补铁，或是补的量不足，就会引起缺铁性贫血，而贫血对宝宝的生长发育和宝妈的健康会造成很大的影响。

1.对宝宝的影响

贫血容易引起宝宝在子宫内生长迟缓、新生儿低体重、先天不足、后天体弱多病，还容易发生呼吸道和消化道感染，产程中使胎儿不能耐受子宫阵阵收缩造成的缺氧状态，容易在宫内发生窒息。

2.对宝妈的影响

因贫血宝妈更容易发生宫缩乏力、产程延长、产后出血多的危险；产褥期抵抗力也会比正常产妇低，容易并发会阴、腹部刀口感染或不愈合；产后子宫复原慢，恶露常常持续不净，子宫容易滋生细菌感染，引起子宫内膜炎；乳汁分泌多会比正常产妇少，造成哺乳困难。

如果出现贫血，除了要按照医生的嘱咐及时补充铁剂外，平时还要多摄入天然的含铁丰富的食物。宝妈不是说她每天都吃红枣、木耳这些含铁丰富的食物吗，可为什么收效甚微呢？这是因为虽然红枣、木耳之类的植物性食物含铁丰富，但是人体对其中铁的吸收利用率并不高，而猪肝、猪血这样的动物性食物才是补铁的“勇士”。值得注意的是，如果补充含铁食物的同时摄入富含维生素C的食物，如多吃新鲜卫生的水果蔬菜，会使补铁大计事半功倍。

3.爱心大爆发之补血餐——笋耳鸭血

食材

主料：水发木耳50g、莴笋100g、鸭血200g。

辅料：大蒜2瓣、姜1片、食用油10mL。

调料：盐1g。

做法

（1）莴笋削皮切片；鸭血切片；大蒜切片备用。

（2）将鸭血、木耳焯水备用。

（3）锅中倒入油，蒜片爆香，莴笋、木耳入锅翻炒。

（4）加入焯过水的鸭血，放入盐，翻炒均匀即可出锅。

【营养优势】

鸭血爽滑、莴笋清脆，本品可补血补铁，恢复元气。

小贴士

● 在挑选鸭血时应注意以下几点：好的鸭血易碎（别选弹性比较好的），颜色深红（不是那种鲜红色），气孔少而小（气孔多而大的不是好的鸭血）。

● 鸭血必须焯水，一方面可以去腥，另一方面可以塑形，在炒的过程中不易碎。

（1）鸭血在食物当中的含铁量算是上乘的，并且血红素铁的含量比较高，吸收利用率也相对较高，可迅速补充体内所需的铁元素，有效预防缺铁性贫血，也是治疗缺铁性贫血的辅助食材。

（2）蔬菜中所含的维生素C，提高了铁的吸收率和利用率。

充气的皮球——增重有限制

拿出宝妈的几句“警世恒言”供大家品鉴：“贪吃不息，充气不止，为了宝宝，肥婆无惧。”宝妈并非豪言壮语地喊几句口号，而是将其贯彻孕期始终的实践者。扛着“一切为宝宝”的大旗，视苗条为空气，彰显着伟大的母爱。可宝妈们不知道的是，“爱”也要明明白白，糊里糊涂的不是爱，一不小心就会变成“害”。何出此言？

孕妇在怀孕期间体重增加也是有正常范围的，超过这个范围就属于体重增长过多，对母体及胎儿的健康都会造成影响，甚至会带来一定的风险。另外，新生儿也不是越重越好，相反，过重会带来很多健康隐患。

孕期体重增加的正常值因孕前体重不同而异，不能一概而论。

孕前体重正常者，孕期体重增加的适宜值为12.5kg。

孕前体重＜标准体重10%者，孕期体重适宜增加14~15kg。

孕前体重＞标准体重20%者，孕期体重适宜增加7~8kg。

孕前标准体重（kg）=身高（cm）－105，所得数值±10%都在正常范围内。

孕期要定期监测体重，保证适宜增长。体重增长过多，会增加难产、妊娠糖尿病的风险，以及生出巨大儿的风险。新生儿出生体重在2.5~4.0kg都是正常的，超过4.0kg被称为“巨大儿”，属于病理性体重，成年后容易继发肥胖、高脂血症、高血压、糖尿病等慢性病。当然，体重增长过少也不行，会引起母体和胎儿营养不良，并影响胎儿成年后的健康状况。

宝妈们孕期切忌贪吃高热量、少营养、有风险的甜食；加工食品及多油、高盐的食物少吃为妙。膳食结构要合理，把适量的身体活动加上去，让体重增长控制在适宜值之内，才能做个明明白白爱娃的聪明宝妈。

爱心孕期餐，吃好早、中、晚

1.孕早防吐餐——菌菇煲

食材

主料：杏鲍菇100g、菠菜50g、娃娃菜50g、西兰花3朵、红黄彩椒各半个。

辅料：食用油10mL、香葱1颗、姜1片、蒜1瓣。

调料：盐2g、醋2mL、香油0.5mL。

做法

（1）姜、蒜切片，香葱切末，红黄彩椒切片备用。

（2）将蔬菜洗净，杏鲍菇切片，西兰花拆散后焯水。

（3）将焯过水的菠菜、娃娃菜切成4厘米左右的小段（西兰花除外）。

（4）将锅烧热，倒入食用油，加入姜片、蒜片，爆香。

（5）加入适量水，水烧开后将杏鲍菇倒入锅中，煲1分钟。

（6）其他蔬菜一起下锅。

（7）滴入香油、醋即可出锅。

【营养优势】

菌蔬搭配，清淡开胃。

（1）蔬菜尤其是深色蔬菜，叶酸的含量相对较高，摄入充足的叶酸可以预防胎儿神经管畸形的发生；蔬菜较之肉类不易引起胃部不适而引发强烈的呕吐，而且富含维生素和矿物质，可及时补充呕吐后身体流失的相关营养素。

小贴士

- 蔬菜入锅的先后顺序及煲制时间是关键，时间太长对营养素的破坏极大。
- 这是一道汤菜，既要吃菜也要喝汤，水溶性维生素和矿物质会析出到汤里，如果不喝汤的话，显然是对营养素的浪费。

（2）杏鲍菇是菌类中的一种，菌类俗称“素中肉”，烹调中其蛋白质能挥发出香甜浓郁的味道，筋道，有嚼头，让这道素菜更具口感。同时，菌类含有丰富的维生素和矿物质也是其一大营养优势，对缓解呕吐症状和调节孕妇情绪有一定的帮助。

2.孕中过渡餐——清蒸银鳕鱼

食材

主料：银鳕鱼200g。

辅料：大葱2段、姜2片、红黄彩椒丝适量。

调料：有机酱油10mL、食用油10mL。

做法

（1）银鳕鱼解冻去鳞备用。

（2）一部分葱丝、姜丝垫底，另一部分置于鳕鱼表面。

（3）蒸锅里加入适量的水并烧开，将银鳕鱼放入蒸锅蒸15分钟。

（4）出锅后的银鳕鱼，拣出葱姜丝，加入红黄彩椒丝，鱼体表面及周围淋上有机酱油，食用油的油温烧至80℃左右，淋在红黄彩椒丝上，这道美味菜肴即可上桌。

小贴士

- 超市里的鳕鱼多为水鳕鱼，肉质松散，水分多，价格低廉，营养差，所以一定要选用深海的银鳕鱼，价格虽不菲，但是物超所值。
- 好的原料不需要用特别的调料，加入葱、姜多能去腥，不需用料酒腌制，否则反而会破坏口感和营养。

【营养优势】

本品滋味浓郁，优质的蛋白质和丰富的多不饱和脂肪酸可促进胎儿的健康发育。

（1）鱼类富含优质的蛋白质，胎儿发育离不开优质蛋白质的营养供给。

（2）银鳕鱼是深海鱼类，其突出的营养优势是富含Ω-3多不饱和脂肪酸，大家熟知的DHA、EPA均属此类多不饱和脂肪酸，它们是胎儿神经和大脑发育必不可少的脂肪酸，胎儿可以通过母体摄入转化而获得。

（3）鱼类肌肉间的脂肪含量远远低于猪肉、牛肉、羊肉等红肉食材，不易造成能量堆积，所以有利于孕妈妈控制体重。

3.孕晚备战餐——肉末太阳蛋

食材

主料：鸡蛋1个、肉末20g、胡萝卜50g、香菇50g、青椒50g、豌豆适量。

辅料：葱、姜适量。

调料：盐2g、胡椒少许、香油10g。

做法

（1）将肉、胡萝卜、香菇、青椒、葱、姜切成小块，放到料理机中打碎成馅。

（2）放入调味品，将肉馅拌匀，放到适合的容器中。

（3）将肉馅放入蒸锅蒸8分钟左右，再把整只鸡蛋打到肉馅上，根据个人喜好放上几枚豌豆，继续蒸3分钟左右。

（4）将美味取出后滴上香油即成。

小贴士

● 鸡蛋若过度加热，会导致口感不佳，营养也会损失，所以一定要先把肉馅蒸至八成熟，再加入鸡蛋蒸3分钟后起锅，此时蛋黄刚刚凝固，蛋白质的吸收率高，而且口感细嫩。

【营养优势】

本品富含优质蛋白质，蒸制方法可避免产生多余的能量。

（1）瘦肉、鸡蛋中富含优质蛋白质，这是孕期非常重要的营养素。

（2）肉馅中加入胡萝卜，有利于类胡萝卜素的吸收。

（3）香菇中含有多糖类物质，可以提高机体抵抗力，还可以抑制多余胆固醇的吸收。

第3章 我的生命中从此有了一个“你”

阵痛后的曙光

“姐，我觉得出气痛快多了，也不觉得胃顶得慌了，胃口好像也好多了，我娃还真心疼我是吧？不过就是有点腰酸腿疼，老想小便，肚子好像还有点往下坠的感觉。”离预产期还有两个多星期的宝妈跟我描述她的感觉。“恭喜恭喜啊，你快熬出头了，打起精神准备迎接你的小宝贝吧！一定要注意宫缩频率、见红和破水情况啊。”我提醒她。

1.不可不知的三个术语

宝妈的感觉是子宫底下降的明显反应，也就预示着宝宝的降生进入倒计时，是临产的前兆。当然，并不是说有这样的感觉就要住院了，其实临产还有一些其他的考量指标，如我上文刚刚提醒她的。

（1）宫缩

什么是宫缩呢？其实孕中期和孕晚期时，因为睡眠不规律或紧张疲劳，孕妈妈有可能会出现肚子紧紧收缩的现象（这就是子宫在收缩，简称“宫缩”）。但是，这种宫缩并没有规律可循，休息一下就会缓解。临产时的宫缩却具有规律性，开始的时候间隔长，持续时间短，接下来持续时间越来越长，间隔越来越短，频率越来越快，强度越来越大，这种有规律的宫缩叫阵痛，如果每五六分钟就会宫缩一次时，分娩的过程就开始了。

（2）见红

见红是什么？子宫收缩到一定程度时，孕妇的阴道会分泌出颜色深浅不一、血量不等类似月经样的黏液，俗称“见红”。已经见红的宝妈此刻应从容洗澡换衣，第一时间收拾妥当并住进医院待产了。因为一般情况下见红后24小时左右，小宝宝就会迫不及待地从妈妈的肚子里跑出来了。（宝妈见红后居然还逛了两个小时商场，以弥补她预见到的坐月子不能出屋的憋屈，有点冒险，不予推荐。）

（3）破水

什么是破水呢？随着宫缩强度加大、频率加快、间隔时间变短、持续时间变长，子宫内的压力越来越大，宝宝的小脑袋顶破了胎膜，羊水从妈妈的阴道里流出来，预示着宝宝有点迫不及待了，很快就会来到这“爱”的人间了。

子宫底下降、宫缩规律、见红和破水都是临产征兆。见红还有个缓冲的时间段，但是破水出现后，还没有到达医院待产的话情况就会比较危急了。所以，接近预产期或者没到预产期却有了反应的宝妈们，注意接收新生命的讯号，做个不慌不忙、心中有数、从容生产的“淡定妈”。（除了医生诊断为某种疾病，如自然生产会有风险的情况外，本人不建议采用剖宫产，可能是“天然”这个词根植于心的缘故吧，自然生产是女人的“天性”，对孩子成长、母亲恢复均功不可没。）

2.老公的陪伴才是最大的鼓励

宝爸听闻宝妈见红了，出差在上海的他，马上跟副总告假并直奔机场，候机时电话调遣老妈和妹妹，通知丈母娘老两口，一行几人把宝妈先行护送到医院，等办完手续、病房收拾妥当、做了几项检查之后，宝爸大汗淋漓地飞奔而来。看着宝妈因阵痛而疼得发白、挂满大颗汗珠的脸，连忙抓住她的手紧张地问："老婆，怎么样？""老公，真疼啊！"宝妈的眼泪下来了。等我去医院探望刚生完孩子的宝妈时，宝妈悄悄地告诉我："姐，我看见老公马不停蹄地从上海打飞的回来的时候，我就哭了，可是你知道吗？当时我那心里立马踏实了，而且美滋滋的。我同学红儿生孩子的时候，老公为了那笔大生意没回来，她伤心死了，都得了产后抑郁症了，差点自杀。我老公陪着我进产房，那汗出得比我多，小脸吓得比我白，不知道的以为是他生孩子呢，录像的手一直哆嗦到出产房，回看录像画面全是抖的，就知道不停地说'老婆，你真棒，加油'。他看我的眼神让我想起了我们的初恋时光。"宝妈甜蜜地诉说着，脸颊分明升起两片红晕，两眼瞬间目光灼灼，这一刻她完全忘了生产时撕裂的疼痛。

这个桥段相信会给很多宝爸一个榜样和启迪。陪伴生产的妻子，不仅是在她最脆弱、最需要支持的时候给予温暖那么简单，更是拥有一个温馨而幸福家庭的绝佳契机。一方面，宝爸眼见小生命的诞生是伴着宝妈的无限痛楚，那份迎接新生命的激动中增加了对妻子的无限疼爱；另一方面，妻子深刻地体验了一次老公的爱，过往的一切不满在那一刻都烟消云散，满心的快乐温暖；更重要的一点，欢欣愉悦的心情会让妻子顺利泌乳，会给宝宝一个情绪稳定的妈妈，而这一切恰恰为宝宝身心的健康发育提供了必备条件，会使宝宝人格健全、身体健壮，对他一辈子幸福产生深刻的影响。反之，没有陪伴的产妇会觉得老公不够爱她。虽然有其他家人的陪伴，但是没有谁能够替代他，于是心生委屈和怨怼；如果老公理解还能补救，如果老公嫌她多事，两人的沟通便会出现问题。不快乐的母亲怎么会有一个快乐的孩子？不快乐的三个人怎么会有一个幸福的家庭？

老公的陪伴很重要，关系到家庭幸福、孩子成长，宝爸们三思哦。

3.不可或缺的助产餐

“再使点劲，看见孩子的头发啦！”助产士大声地鼓励着产妇。“不行，没劲啦！”疼得满头大汗、累得虚弱到极点的宝妈，无助又无奈地看着身边的医生。紧张、不会用力、胎儿大都能让产妇产生“无力感”，从而延长产程，甚至遭两回罪——自然生不了还要挨一刀（剖宫产），宝妈的情况是不是也有这些原因呢？助产士肯定了宝妈的用力方法和效果是对的而且是有效的，宝妈的紧张程度也在可承受范围之内，那么，是什么原因让她“没劲”生产了呢？

宝妈是在凌晨3点被推进产房的，距上一顿饭也就是昨晚20:00的一杯牛奶的加餐已经过了7个小时，阵痛加分娩让机体能量损耗加剧，经过7个小时的“剧烈消化”，体内可供消耗的能量迅速减少又不能得到及时补充，宝妈“生产无力”完全是“饿的”。

如何让产妇“有力生产”呢？准产妇（临近预产期）饮食应该遵循少量多餐的原则，每餐间隔3个小时左右，每次吃七八分饱，不但能缓解宝妈的胃部由于胎儿挤压造成的类似于消化不良的不适症状，还能够及时补充能量，应对随时可能出现的“生产”，尤其是宫缩频率加快和间隔时间缩短之时。

准产妇的“助产餐”应该吃点啥？那还用问？大鱼大肉有营养，一定能给宝妈增加能量。真的是这样吗？从营养学的角度来讲，能直接和迅速给身体的主要器官、组织（比如大脑、心脏、肌肉等）供能的是碳水化合物，主要来源是咱们通常说的“主食”。大鱼大肉不是主要用于供能的，如果以大鱼大肉作为供能的主要来源而忽略主食的供能作用，虽然短期内能够满足能量的供应，但是却有发生酮血症、酮尿症的危险，非但不能让产妇“有劲生产”，反而会使产妇更加无力。

4.爱心大爆发之助产餐——西红柿虾仁蛋炒饭

食材

主料：米饭100g、西红柿50g、鸡蛋1个、虾仁50g、胡萝卜丁20g、香菇丁20g。

辅料：豌豆10g、植物油10g、葱5g。

调料：盐2g。

做法

（1）鸡蛋打散，锅内放少许油，放入鸡蛋之后，用筷子或铲子不停搅拌成鸡蛋碎，出锅备用。

（2）锅烧热后，将西红柿炒制出汤汁后，放入虾仁、胡萝卜丁、香菇丁翻炒至八成熟，放入米饭，改为小火，把大颗粒的米饭压散，再加入鸡蛋碎搅匀，出锅前放盐即可。

小贴士

● 虽然是炒米饭，但是建议用新蒸的新鲜米饭炒制，以防剩饭炒制时加热不彻底而致宝妈肠胃不适。

【营养优势】

（1）米饭使用的是新和源富硒大米，此米中所含的丰富硒元素能缓解准妈妈的紧张情绪，提高免疫力和抗感染能力。

（2）虾仁、鸡蛋均含有优质蛋白质；米饭可提供足够的碳水化合物；植物油提供脂肪。以上三大产能营养素可帮助宝妈保持充沛的体力，迎接生产的艰难过程。

（3）胡萝卜中的类胡萝卜素、香菇中的香菇多糖、豌豆中的膳食纤维，对提供能量起到辅助协同的作用。

妈妈怎会没奶水

1.想要开奶早，心情一定好

“你看看，这生完都快一天了，怎么这奶还不下来呢？孩子饿得直哭。”我赶紧把宝宝的奶奶拉出病房，“您老别着急，您在宝妈面前表现出着急来，她会更着急，下奶是水到渠成的事，宝妈的心情很重要，宝宝晚吃上一口，不会有事的。”我为什么这么怕奶奶的一番话会影响到宝妈的情绪呢？因为宝妈心情放松、精神愉悦了，才有利于乳汁分泌。

妈妈的乳汁分泌是由泌乳素的分泌来刺激的。这种激素是由我们的脑垂体分泌的。我们的脑垂体与海马体紧挨着。正常情况下，海马体不会妨碍脑垂体的工作，但是，当人心情不好的时候，海马体就会膨大，挤压脑垂体，使脑垂体分泌激素的能力降低，这样就会造成母乳的分泌量减少。宝宝出生后，新妈妈担心自己的乳汁分泌不足等问题可能会影响到宝宝的发育，压力非常大，这就使开奶的时间向后推移，甚至没有奶水，进而影响到未来母乳喂养的问题。

提醒：①新妈妈一定要调整好心态，坚定自己哺乳的信心。②爱人也好，宝宝的爷爷、奶奶、姥姥、姥爷也好，宝妈身边的每一个人，一定要注意宝妈的情绪变化，要安慰和开导她，以减轻她的压力，进而顺利泌乳。

2.想要开奶早，乳头刺激不能少

(1) 孕后期开始做准备

在孕后期，宝妈们就可以开始做一些乳头的护理了，比方说每天按时用温热的毛巾捂在乳房上，并由内向外慢慢按摩，这样可以为生完宝宝顺利开奶打下坚实的基础。

(2) 产后“按电铃”

“按电铃”是一种像按动电铃一样的刺激乳头的手法，利于产后奶水快速分泌。产后休息恢复后（剖宫产者要等麻药作用消失后操作）即开始每4个小时按一次电铃，直至奶水冲出来为止。

(3) 吸吮来加速

宝宝吸吮妈妈的乳头对于更早时间开奶是至关重要的，宝宝对乳头的刺激可以促使下丘脑分泌泌乳素。开奶初期，即使用“按电铃”

（刺激乳头）法来帮助新妈妈下奶，宝宝对于妈妈乳头的刺激也是必不可少的，而且是最为重要的。

（4）宝爸要“奉献”

新生儿吸吮力度小，吸吮一会儿孩子就累了，如果赶上个乳头凹陷的妈，孩子就更累了。“那就用吸奶器吧。”使用吸奶器倒也是个主意，但是如果力度掌握不好的话，很有可能造成乳腺和乳房皮肤损伤。为了宝妈尽快开奶，为了娃早点吃上母乳，就请宝爸大显身手，找找小时候“吃奶”的感觉吧。“不好意思”先扔掉，孩子、老婆最重要。

提醒：每次吸吮一侧乳房不要超过15分钟，但要固定每4个小时刺激一次乳头，不要间断，即使乳头出现疼痛，宝妈也要坚持哦！随着宝宝的吸吮、宝爸的奉献、宝妈的坚强，奶水一定会喷涌而出的。

3.想要开奶早，时间把控要记牢

开奶的原则是越早越好，条件允许的话，产妇处理完伤口推进病房时，就不要和孩子分开了，孩子在身边的刺激对妈妈第一时间开奶是至关重要的。根据我们的观察，越早开奶的产妇，后期奶水往往越充足。

4.初乳金不换，千万别糟蹋

“这奶怎么是黄的啊？多脏啊，能给孩子吃吗？”初乳颜色淡黄、性状黏稠，看着不如白白的成熟乳好看，但是如果因“以貌取奶”而挤掉、倒掉初乳的话，对于咱家娃的身体发育可是大大的损失，甚至是终身遗憾。原因如下：

（1）初乳蛋白质含量高。

（2）初乳里含“乳双歧杆菌”。它是宝宝肠道发育所必需的益生菌，关乎宝宝未来的健康，最初会表现在宝宝的肠道健康中。宝宝是否有腹泻、便秘、湿疹，甚至是抵抗力的强弱，都与宝宝肠道发育是否良好有着密切的关系。

（3）初乳中含有抗体。这些抗体是宝妈身体中应对外界疾病的所有抗体，它可以保证足月顺产的宝宝出生后的前6个月可以安然度过。

5.爱心大爆发之下奶汤——鲫鱼丝瓜豆皮汤

食材

主料：鲫鱼1条（300g）、丝瓜100g、豆皮50g。

辅料：姜2片、葱段适量。

调料：盐1g、胡椒粉2g。

做法

（1）鲫鱼去鳞并收拾干净，两面打上十字花刀；丝瓜洗净，斜刀切块；豆皮切成条状；姜切片备用。

（2）平底锅中倒入少许油，将鲫鱼放入锅中略煎。

（3）加入水、豆皮、姜片、葱段，小火炖15分钟。

（4）加入丝瓜，炖5分钟。

（5）加入胡椒粉、盐即可出锅。

小贴士

- 用水稀释白醋，然后清洗鱼表面和鱼腹，可以有效去除鱼腥味。
- 煎鱼是为了使鱼定型，熬制时汤白，但不要太过追求卖相而多油久煎，应少油稍煎，这样留在汤里的油脂则不会太多，产妇喝汤后既可下奶，又不会担心长肉。

【营养优势】

（1）鲫鱼、豆皮都富含蛋白质，摄入充足的蛋白质是分泌乳汁的必需条件。

（2）炖煮的做法，可保留更多的营养素，还可避免产生多余的能量。

（3）丝瓜为这道菜补充了维生素和矿物质，还可起到解腻的作用。

月子新说加老理儿，妈妈真心伤不起

1.“高价”的陷阱

“溪姐，我同学生完孩子，在月子中心喝的是‘生化汤’‘月子水’，吃的是‘月子餐’，坐个月子花了10万块，太刺激我了，我媳妇立马要生了，让我这个工薪阶层情何以堪啊！”宝爸“声泪俱下”地控诉道。

现在大家的生活水平提高了，营养健康意识提高了，对产妇恢复和孩子喂养的重视程度也提高了，一家一个娃，孩子金贵，宝妈恢复更不能差，这都无可厚非，甚至可以说是社会的进步。但是，追求“高价”是不是就意味着享受了“高品质”的服务呢？结果是值得商榷的。

食物中的营养素含量决定了它的营养价值，一般认为蛋白质含量高的食物营养价值高。那么，价钱高就是价值高吗？非也！

市场经济环境下，价钱“高”体现了食材本身的营养价值，体现了概念炒作的程度，体现了物以稀为贵的传统理念，但是已经大大偏离了食物本身“不分贵贱”的单纯时代。就拿“月子水”来说，宣传口号是“身材不走样，催乳数它棒”，可谁知道其实所谓的“月子水”就是“淡米酒”。再看一看米酒的营养成分：86.2%的水分，100mL米酒的蛋白质含量是1.6g，钙含量是16mg，钠含量是1g（摄入过多有风险），其他维生素和矿物质含量均不高（可以说是微乎其微了）。显然，从营养学的角度上说，并没有相关站得住脚的佐证，其功效跟催乳和身材不走样也是风马牛不相及。该水后经央视曝光为虚假宣传。

再说说“高价月子餐”，它的“高价”体现在食材的高价上，会用上耳熟能详的“宫廷御用”之“燕窝、海参、鲍鱼、花胶、冬虫夏草”等，也会主推“有机概念”之“有机蔬菜”等。一方面，高档食材确实有一定的营养价值，但只是一种食物，而非神乎其神的“仙丹”，就其营养素含量来说，其和普通食材并无多大的区别，通过普通食材的搭配，完全能达到甚至胜过“高档食材”的营养价值。

另一方面，高档食材由于其利润可观，面对高额回报的诱惑，不法商贩以次充好、以假乱真的伎俩屡见不鲜，普通消费者很难辨别雌雄，“高价”买来“质次”产品，甚至买来“藏毒”的“燕窝、鱼翅、冬虫夏草、有机产品”等，非但没有滋补作用，反而会对妈妈和宝宝造成伤害。

由此可见，“高价”并非高品质，“高价”也许是陷阱！

2.“神奇”猪蹄汤

“溪姐，我妈上顿下顿给我喝猪蹄汤，现在我看见猪蹄汤就想吐。”看着日渐“珠圆玉润”的宝妈，我觉得有必要和伯母谈谈了。“阿姨，您为什么老给闺女喝猪蹄汤啊？”“你是营养师你还不知道，猪蹄汤不是下奶吗？妈妈奶好奶足，宝宝吃得饱饿不着，抵抗力强长得快，她不是也省心吗？怎么了，猪蹄汤不下奶吗？还有，猪蹄美容啊，既有营养又可美容，不是两全其美吗？”我没回答，而是问了另一个问题：“您是怎么做汤的啊？”“猪蹄毛拔干净，切成小块，焯了水就放锅里炖呗，怎么了？我这样做有问题吗？”从阿姨坚定的语气和“不屑”的眼神中我看到，在老辈人心目中，猪蹄汤无疑是下奶的“佳品”、美容的“神物”，谁怀疑谁就是“无知”！

哺乳期妈妈是应该多喝汤汤水水，的确有利于乳汁分泌，但是，喝什么汤却是值得商榷的。所谓“无知者无畏”，那我就挑战一下这“下奶圣品”——“猪蹄汤”吧。

摆摆“猪蹄汤”的三宗罪

罪一：营养价值不高。猪蹄以猪皮为主，猪皮里含的蛋白质——胶原蛋白为不完全蛋白，营养价值和吸收利用率都不高。此外，单纯吃猪蹄可美容也是“空穴来风”，猪蹄富含的胶原蛋白并非如我们所愿——吃进肚里就能全部变成胶原蛋白并且都转移到皮肤上，紧致皮肤而达到美容的效果，而是分解为氨基酸，合成时能不能变成胶原蛋白就不一定了。

罪二：胆固醇含量太高。同等重量的猪蹄和猪瘦肉相比，猪蹄所含的胆固醇是猪瘦肉的2.37倍，摄入过多会造成血中不好的胆固醇（低密度脂蛋白）增加，更会造成能量过剩、脂肪堆积，坐个月子无故长肉甚至胖十斤，减肥大计瞬间被破坏。

罪三：味道欠佳难下咽。吃太咸怕孩子“上火”，所以这碗汤一定是寡淡无味，加之浮着一层腻腻的油，喝到胃里只剩下恶心了。

综上三宗罪，是不是“猪蹄汤”应该就此打入地狱、永世不得翻身了呢？其实也不尽然，只要巧搭配，变废为宝也是分分钟的事。遵循“一撇油、二加豆、三吃果、四点醋”的原则就可以健康食用了。具体来说：首先，要把浮油撇干净，使汤体清淡；其次，加些黄豆，黄豆含植物雌激素，可以刺激乳汁分泌；第三，吃些新鲜水果，使胶原蛋白能够吸收并合成，美容下奶两不误；最后，汤不能太咸这一点值得提倡，稍稍加点食醋可以解腻提味，改善口感，并有利于消化。

3.水果蔬菜不能吃吗

“别吃水果，要不以后牙会疼，蔬菜也不能吃，都是寒凉的东西，坐月子不能吃生冷的东西。”同事孟姐提醒宝妈。“溪姐，我咬了一口苹果，真的牙疼，还出血了呢，是不是月子里真的不能吃水果和蔬菜啊？”

传统观念中认为，蔬菜、水果都是寒凉之物，产妇不能受凉，所以蔬菜和水果都不能吃，这种说法有道理吗？如果从营养学的角度分析，没有相关数据支持这一观点。蔬菜、水果并非等同于“生冷”，如果给宝妈吃刚从冰箱里拿出来的蔬果确有不妥，但是完全不吃，不仅会增加便秘、痔疮、口腔溃疡等疾病的发生率，还会造成宝妈营养素缺乏，直接导致母乳的质量下降，进而影响宝宝的生长发育。

（1）月子不能缺蔬果

蔬菜和水果含有丰富的营养素，如维生素、矿物质、膳食纤维等，还含有很多对健康有益的植物化学物质，尤其是深色蔬菜，所含的叶绿素、花青素等植物化学物质，以及维生素A等的维生素含量更加丰富。这些营养物质对于产妇的恢复、促进乳汁分泌非常有利。如B族维生素促进胃肠蠕动，促进产后营养素的消化和吸收；维生素C有利于伤口愈合；有机酸能增加食欲；植物化学物质还能够对抗自由基，增强抵抗力，有利于产后恢复。

蔬菜和水果水分多、能量低，可以防止能量过剩。丰富的膳食纤维可以预防便秘。吃足够量的蔬菜和水果还可以防止肉类食物吃得过多，不但对膳食平衡起到了重要作用，而且有利于产妇控制体重。

（2）月子怎么吃蔬果

既然蔬菜、水果对产妇有这么多的好处，那么该怎么吃？该吃多少呢？是不是可以肆无忌惮地吃呢？给大家几个小建议：

这样吃：做到“餐餐有蔬菜，天天有水果”。

需要注意的是，蔬果不能吃冰箱里刚拿出来的，太凉会刺激肠道，导致胃疼、腹泻。宝妈说的吃苹果牙疼，很可能是因为孕产期钙流失严重而又补充不及时，导致牙齿不够坚固，松动的牙齿再咬硬一点的水果就会疼；也可能是维生素C不足，牙龈容易出血。宝妈可以把蔬果切成小块或榨成汁食用，同时在饮食中增加含钙食物（牛奶、豆类等）的摄入。如果缺钙严重，还要加吃钙补充剂。

有度吃：蔬果并非多多益善，每天保证300~500g的蔬菜摄入，其中要有1/2的绿叶菜，再加上200~400g的水果，就能够满足宝妈一天从蔬果中获得的维生素、矿物质等营养素的摄入量。摄入果糖太多也会造成能量堆积，膳食纤维大量摄入会干扰其他营养素的吸收。因此，月子里吃蔬果要有度。

干净吃：吃新鲜卫生的蔬果，避免微生物的侵害；不吃剩菜、腌菜，规避亚硝酸盐的危害，宝妈的健康关系到宝宝的健康。

讲究吃：“讲究”不是说吃多稀罕的食材，而是讲究一下烹调方式。水果能生吃的则生吃，可以获得更多的维生素和矿物质及植物活性物质；蔬菜采用焯、蒸、炖、快炒等方式，避免煎炸、烤等重口味的烹饪方式（既破坏营养素又产生有害物质）。

4.“大补”和“会补”大PK

“妈，您给我做点素菜吧，每天不是排骨就是肉，不是猪蹄汤就是鲫鱼汤，孩子生完了，我的体重不降反升，肚子一点没小，出了月子我怎么上街，怎么见人啊？”宝妈实在忍不住跟婆婆抗议了。“这孩子，现在胖点就胖点吧，坐月子时吃得好，身体恢复得快，奶也好，你们年轻人啥也不懂。”婆婆反驳道。

宝宝的奶奶是经历过自然灾害那个年代的，怀孕的时候、生产的时候吃不到什么油腥，加上生孩子等于脱一层皮，体力消耗很大，所以她根深蒂固地认为月子里应该大补。而传统观念中，“大补”的意思就是要多吃大鱼大肉，多吃动物性食物，多吃高脂肪食物，这样才算大补。这样的观点拿到物质水平极大丰富的现在来看，到底还可不可取呢?

现代人的营养水平已经大大提高了，绝大多数人已营养过剩，女性在怀孕期间往往已经增加了过多的能量。女性生产后，既要恢复身体消耗的能量，又要补充足够的营养以分泌乳汁，确实需要比普通人更多的营养素，但绝不意味着需要一味地“大补”，更不代表要吃很多高脂肪的食物。

产后女性要增加鱼、禽、蛋、瘦肉和海产品的摄入量，但不是肆无忌惮地增加，如果没有节制，摄入过多的动物性食物，一方面会造成能量过剩，加重消化道和肾脏的负担，导致产妇肥胖，而肥胖不仅是影响身材、影响美感那么简单，肥胖已经被全世界公认为是“病”，肥胖会为高血脂、高血糖、高血压、动脉粥样硬化等慢性病提供温床，而乳汁中脂肪成分过多也会造成孩子“肥胖易感”，给孩子一生的健康埋下祸根；另一方面，因为吃太多动物性高脂肪的食物，其他食物的摄入量就会相对减少，尤其是减少了主食和蔬菜、水果的量，从而导致碳水化合物、维生素、矿物质、膳食纤维这些营养素摄入不足，营养不均衡的结果就是身体不适，表现出乏力、便秘等症。

是时候把“大补”改为“会补”了。何为“会补”？一天的肉类总量控制在200~300g，保证优质蛋白质的摄入，而白肉的部分应该占到动物性食物的2/3。所谓“白肉”，通俗来讲，可以理解为禽类和海鲜。禽类和海鲜中的蛋白质含量高，但是脂肪含量相对红肉（猪、牛、羊等畜肉）却低得多。坐月子期间的膳食要保证多样化的膳食结构，各类食物都要保证吃到。“会补”保证了食物多样充足但不过量，有利于产妇的健康，也能保证乳汁的分泌量和乳汁的质量。

5.关注宝宝还是关注妈

晚上十点，电话突然响起来，来电显示“宝宝妈”——月子里的新手妈妈。拿起听筒就听见她的抽泣声。“怎么了？你这是激动的泪水？当妈太兴奋了？”为了缓解她的情绪，我故意调侃了一句。“哪儿啊，姐，我都气死了，婆婆和老公每天围着孩子转，完全不考虑我的感受，天天填鸭式地让我多吃肉多喝汤，恐怕我的奶水不足，会饿着他们的宝贝孙女和宝贝女儿，难道我就是一个生育机器、养育孩子的工具吗？”

听起来宝妈的抱怨似乎有点“不可理喻”，全家人围着孩子转、全家人呵护新生命不是理所应当的吗？她怎么能这么想呢？其实，宝妈的感受不是个案，甚至可以说是比较普遍的现象。新生命的到来，给一个家庭带来了希望、快乐和忙碌，襁褓中的宝宝成了全家人的中心和焦点，宝宝的吃喝拉撒成了全家人的功课，而刚刚经历了怀孕之苦、生产之痛、哺乳之累的妈妈们往往被忽略了，加之孕激素和泌乳激素水平不稳定的生理影响，使妈妈们心烦意乱、脆弱敏感，尤其是怀孕期间曾被百般呵护的妈妈们，更是一时难以接受这样的“不被关注”和“冷落”。而这种情绪会导致食欲不振、睡眠质量不高、产后恢复不良，出现乳汁分泌不畅，更严重的会让产妇罹患“产后强迫症”“产后精神分裂”“产后抑郁症”。

爷爷、奶奶和宝爸如果希望宝宝茁壮成长，想让宝妈的奶水丰富，首先就要把照顾重心转移到产妇身上，新生的宝宝只要有足够的奶水、一个安全的环境就会一天天健康成长，而给宝妈一个温暖、呵护、包容的氛围才能使其情绪平稳，心情愉悦，这样不但有利于产后身体恢复，更有利于乳汁的分泌，同时也能给宝宝一个情绪稳定的妈妈，给宝宝一个亲密共生的亲子关系，宝宝一生的安全感来自于一个“好脾气”的“稳定”妈妈，宝宝的健康和宝宝高质量的“食量”来自于“开心、快乐”的妈妈。

6.真讲究还是瞎讲究

婆婆心疼中带着嗔怪:“你怎么不听话啊，又开窗户？会招风的，老了有你后悔的时候。”“记住了啊，月子里不能洗头洗脚，更不能洗澡，我就是生你时着凉了，现在落了一身毛病。”这是妈妈的经验之谈。“好好躺着别动，要不以后腰疼。”姐姐谆谆教导着。如此这般，宝妈凌乱了，电话里问我:“姐啊，坐月子真的有这么多禁忌吗？”

不能出门、门窗紧闭、不能洗头洗澡、必须卧床休息、不能刷牙漱口……这些都是民间流传的“坐月子”的讲究，至今仍被很多人视为坐月子的“金标准”。尤其是很多老人在照顾晚辈时，更是充分把这些老讲究贯彻执行到生活中的各个细节。可是，这样坐月子的方法科学吗?

误区1：门窗紧闭忌通风

很多人怕产妇受风着凉，哪怕是三伏天坐月子也门窗紧闭，一点风都不透。俗称的“产后风”其实是产褥热，是产妇生殖器官中的致病菌造成的，一般是因为消毒不严格的产前检查，或是产妇不注意卫生引起的。房间不通风，更容易造成室内空气浑浊、细菌增多，反而不利于产妇恢复。天气热时，还可能会造成产妇中暑。

保证室内空气卫生的主要方法就是开窗通风。如果天气暖和，开窗通风对产妇没有不良影响，只要别直接对着风吹即可。如果天气较冷，产妇可以先去其他房间，待房间通风后再进来即可。

误区2：不能洗头洗澡

过去住房条件差，家中没有洗浴设备，取暖条件差，寒冷季节往往不能保证温暖的室温。在这种情况下洗头、洗澡，确实既不方便，又容易受凉。但在如今的居住条件下，哪怕是冬天，家中也会非常温暖，也有很方便的洗浴条件。产妇在保证温暖且不受凉的情况下洗头、洗澡是非常有必要的。

适当的清洁卫生对产妇和婴儿来说都十分重要。传统观念中，坐月子不能洗头、洗澡，易使产妇身上滋生大量细菌。而且女性生产后，因代谢增加、体内水分大量排出，经常会大量出汗，还会排出恶露，其实更需要清洁。产妇还要给婴儿哺乳喂奶，亲密接触也很容易将细菌传给娇弱的新生儿，增加新生儿患病的机会。所以，在做好保暖的前提下，产后应该及时洗澡、洗头，保持卫生。

误区3：卧床不起不运动

过去认为产妇的体力消耗大，体质虚弱，所以需要静养，长期卧床不起。其实，经过生产的产妇虽然身体较虚弱，但也完全没必要整天躺在床上不动，这样反而不利于产后恢复。一般情况下，自然分娩的产妇在分娩后6~8小时就可在床上靠着坐起来，第二天就可以下地活动了。在保证休息的同时，还可做产后健身操。在保温良好的条件下，还要适当进行室外活动，接触新鲜空气，接受阳光的照射，对身心都是有益的。

产后如长期卧床不动，很容易造成下肢静脉炎和血栓的形成，所以产后一定要注意适量运动，加强循环系统的功能，提高心肺功能，对恢复体力大有帮助；适量的活动对预防产后肥胖也十分重要。

此外，适当的活动可以加强子宫收缩，促进子宫恢复原位，还可以促进子宫内膜的修复及恶露的排出，加速伤口愈合，并能防止子宫脱垂等产后疾病的发生；还可促进膀胱功能的恢复，利于产后排尿，防止发生泌尿系统感染；促进胃肠蠕动，恢复胃肠功能，防止便秘、痔疮的发生。

坐月子是女人一生中非常特殊的时期，虽然特别，但并不等于生病。坐月子期间，需要更多的营养和照顾，但要注意科学合理，摒弃那些不仅不利于产妇恢复，还很可能会导致新妈妈感染疾病、营养失衡的陋习。月子要科学地坐，才能使产妇尽快恢复身体，分泌充足的乳汁，喂哺好自己的宝宝。

7.爱心大爆发之月子餐——莲香玉米排骨汤

食材

主料：莲藕200g、干香菇3朵、鲜玉米100g、排骨200g。

辅料：姜3片、枸杞子10颗。

调料：醋2mL、盐1g。

做法

（1）干香菇温水泡发；莲藕去皮，切成块状；排骨洗净，剁成小块；玉米切段备用。

（2）将排骨放在冷水锅里煮，开锅后撇去浮沫，捞出后温水洗净。

（3）另起锅加水煮沸，加入姜片和洗净的排骨，开锅点醋，改文火炖制。

（4）炖30分钟后，加入莲藕、玉米、香菇，继续文火炖15分钟，

加盐、枸杞子即可出锅。

【营养优势】

汤汁浓郁不寡淡，营养均衡易吸收。

（1）排骨肉能提供优质蛋白质，能够满足乳母对优质蛋白质的需求，有利于产后恢复和乳汁分泌。排骨肉经过长时间的炖制，口感更软烂，其营养成分也更容易被人体吸收。

小贴士

- 排骨要先放在凉水锅里煮，撇去浮沫，温水洗净，这样做不仅能去腥，还可去掉大部分的脂肪，使产妇既吸收了营养，又利于恢复身材，一举两得。
- 汤要宽（多加水），汤中含有很多溶出的营养物质，多喝汤水可以有效促进乳汁的分泌。
- 盐要少，这样有利于控制血压和保证乳汁的质量。
- 加醋可使肉质容易软烂且易于吸收，同时可以增味解腻。

（2）莲藕、玉米和香菇所含的碳水化合物，丰富了这道菜的营养素种类，使能量加倍；高钾低钠的营养构成会平衡产妇细胞内外的渗透压，可预防高血压，对妊高症也有一定的辅助治疗作用。

（3）鲜玉米所含的丰富膳食纤维能够帮助产妇改善肠道环境，预防便秘；B族维生素对稳定乳母情绪、预防产后抑郁有一定的帮助。

（4）香菇除了给这道菜增加了特别的香浓味道外，其所含的香菇多糖还可帮助产妇通便，所含的磷、镁元素能够促进钙的吸收。

（5）枸杞子起到提色、提鲜的作用，可以增加食欲，同时提供了丰富的维生素和矿物质。

第4章

孩子开始“吃饭”，妈妈应该怎么办

宝宝“吃饭”的八个困惑

1.添加辅食应该从4个月开始吗

“姐，宝宝马上4个月了，该加啥辅食呢？给点建议呗。”“谁告诉你加辅食得从4个月开始啊？”“好多书上不都是这样写的吗？我认识的好多新妈妈们也是4个月时给孩子加的辅食啊？上回带宝宝去社区打疫苗的时候，人家保健科的人也说4个月就可以把辅食加上了！难道不应该4个月就加辅食吗？”宝妈一脸茫然。

过去国内都建议婴儿4个月开始添加辅食（很多儿保医生至今仍这样建议），于是，大多数妈妈怕孩子“掉队”，纷纷在婴儿4个月的时候就开始添加辅食了：蛋黄、米粉依次添加。但是，这个“真理”现在被撼动了。根据最新的研究发现，4个月就给孩子加辅食对于婴儿的生长发育大有不妥。世界卫生组织（WHO）建议，6个月以内纯母乳喂养。也就是说，婴儿开始添加辅食的适宜时间是满6个月。我国在2012年2月最新出版的《母婴健康素养55条》第41条中也同样提出：“从出生后6个月开始，需要逐渐给婴儿补充富含铁的泥糊状食物。”

宝宝刚刚4个月大，那么宝宝的第一口辅食就再等两个月吧！为什么要到宝宝6个月才添加辅食呢？

首先，营养需求。母乳及配方奶粉所包含的营养足以满足6个月甚至更大月龄宝宝的成长需要。许多婴儿表现出有想吃的“欲望”，什么东西拿在手里都往嘴里放，其实那只是婴儿探索世界的一种表达而已，并不是因为吃不饱或者营养不够才有的表现，因此，你完全不需要迫切地给宝宝添加固体食物来补充营养。

其次，器官发育。宝宝在4个月前，舌头的吞咽动作还不是很协调，当舌头感觉到异物时会有本能的“挺舌反射”。这需要1~2个月的时间才会消失，舌头的动作才能协调。大多数宝宝6个月左右才开始长牙，这也说明了6个月前宝宝的“工作”是吸吮而不是咀嚼。

> **小贴士**
>
> ● 易造成过敏的食物有椰子、果仁、大豆、荞麦、玉米、豌豆、巧克力、花生、花生酱、鲜奶、西红柿、肉桂、草莓、奇异果、芒果、海鲜等。1岁以下的宝宝都应该尽量避免食用常见的过敏食物。

最后，过敏反应。保护宝宝健康的免疫球蛋白要在宝宝六七个月大时才能有足够的分泌量，慢慢成熟起来的肠道才有能力来筛除导致宝宝过敏的物质。由此不难看出，太早添加辅食很容易造成孩子过敏。

2.首先添加的应该是蛋黄吗

“赶紧给宝宝调个蛋黄糊试着尝尝吧，我看人家隔壁那孩子吃蛋黄吃得好着呢，都说蛋黄能补铁，赶紧煮鸡蛋去，咱也试试呗。”终于等到宝宝6个月了，可以添加辅食了，宝妈开始给宝爸派活了。关于宝宝的第一口应该吃什么有很多争论。有人说该加蛋黄，有人说先加米粉，还有些老人的经验是米汤、米糊。到底应该先添加什么呢？过去，蛋黄多作为首选的辅食来推荐，因为此时从母体中带来的铁已经快耗尽了，而母乳又是贫铁食物，所以看似蛋黄理应成为首选。但蛋黄中的铁很难被人体吸收，吸收率仅为3%，远低于瘦肉和动物肝脏（铁吸收率为20%），而且蛋黄是最容易导致宝宝食物过敏的食材之一。因此，6个月开始添加的辅食中不应包括蛋黄，蛋黄应在7~9个月开始添加，每日自1/4个逐渐增加至1个。所以，第一个添加的辅食应该是婴儿米粉。婴儿米粉既可强化铁、锌、维生素等营养素，又不容易引起过敏，是宝宝首选的辅食。果汁、菜汁等也可以早期添加，但一般不作为最初添加的辅食。肉泥、肝泥也可以在早期尝试添加。

3.米粥和米粉能互替吗

“我们小时候哪有米粉啊，不都是煮米汤、米糊把孩子们养活大的嘛！”宝宝的奶奶看着宝妈每天给宝宝调配方米粉很不理解。很多家长也同样认为，自家煮的米粥软糯细烂，既有营养又好消化，代替配方米粉应该没问题。其实不然。米粥的确是一款不错的辅食，但它在辅食添加早期是不能替代婴儿配方米粉的。首先，精加工的大米本身营养素保存得就很少，基本上只能提供充足的淀粉；而配方米粉是在大米的基础上强化了很多营养素，比如婴儿必需的钙、铁、锌及脂溶性维生素A、维生素D、水溶性维生素C、B族维生素及DHA等。即使对于较大月龄的婴儿来说，米粥也不能完全替代配方米粉。宝宝刚刚6个月大，还不能吃太多种类的辅食，推荐妈妈们应该首选铁强化米粉给宝宝吃。

4.宝宝便秘时，蜂蜜好使吗

“宝宝都两天没大便了！这样下去可不行，赶紧想想办法啊！”宝宝的奶奶急了，拿出她老人家平时喝的蜂蜜，泡了蜂蜜水就要给大宝喝。

在大多数人的传统观念里，蜂蜜不但可以润肠通便，还含有丰富的营养，再加上香甜的口感，蜂蜜水应该是宝宝便秘时的首选天然食物。但是我要说："且慢！"蜂蜜中含有的肉毒杆菌对于1岁以下肠道发育尚不完善的宝宝来说是危险的，会影响宝宝的健康，甚至会危及生命。要解决宝宝便秘的问题，可以通过吃些水果、喝些蔬菜水及增加饮水量来解决。想让宝宝尝试蜂蜜的味道，最好等他1岁甚至两岁以后再说。

5.母婴店里的"陷阱"你知道吗

宝宝的奶奶今天又去逛母婴商店了，还兴奋地带回来很多形状各异的小饼干，说是这种带图形的小食品可以增加宝宝进食的乐趣，于是买了好几盒给宝宝磨牙。在这里需要给家长们提个醒，很多小食品并不是婴儿辅食，您一定要认准了再买。婴儿辅食类产品有专门的国家标准，只有标着"GB10769-2010"（婴幼儿谷类辅助食品）和"GB10770-2010"（婴幼儿罐装辅助食品）的才是正宗的辅助食品。在给宝宝挑选这种现成辅食的时候，为了他的健康与安全，您还是多留意一下外包装吧。

6.神奇的牛初乳能提升免疫力吗

"今天我在网上听了个母婴讲座，'专家'推荐说婴儿得吃点牛初乳，里边的初乳素能增强免疫力，明天我们就给孩子买点去吧！"宝爸跟宝妈献宝。"我已经咨询过溪姐了，牛初乳能不能提升婴幼儿的免疫力有争议，咱们还是慎重点吧。"

我让宝妈慎重是有原因的：

（1）在牛初乳中存在的免疫球蛋白是给小牛用的，而人体的机能跟牛有很大的差异，对于人来说未必适应。

（2）牛初乳中的生长激素、促性腺激素的含量还是比较高的，不排除会引起婴幼儿甚至儿童不正常发育的可能。

（3）生长因子、免疫球蛋白、酶、乳铁蛋白等都是肽或蛋白质，这些能被小牛利用的物质却不能被宝宝直接利用，因此进入胃肠之后被降解为氨基酸，发挥不了其本身的作用。

所以，不管怎么说，牛初乳属于生理异常乳，建议1岁以内的婴幼儿最好不要食用牛初乳。卫生部规定：婴幼儿配方食品中不得使用牛初乳。到底要不要给咱家孩子购买牛初乳？您还真得仔细掂量一下呢！

7.辅食不放盐，宝宝没力气吗

“宝妈天天嘱咐我，给宝宝做辅食时别放盐，只让宝宝吃那些不带味儿的东西，孩子都七八个月了，该吃点儿有味的饭菜了吧？”奶奶觉得不加盐的辅食太过清淡寡味，大人都不爱吃，孩子怎么能爱吃呢？我说：“这一点上我坚决支持宝妈，听我跟您解释一下好不好？”

其实，天然食材里就有“盐”，也就是“钠”，即使不放盐其本身就有咸味，所以，不要以为不放食盐，孩子就会因为没有钠的摄入而影响发育。而且过早摄入盐的话，对宝宝有害而无益。为什么这样说呢？

孩子最先接触到的是天然食材自身的味道，他自然而然地会熟悉和接受这些天然的味道。如果在辅食中过早加进外源性调味料后，就会破坏孩子的正常味觉，更严重的是，一旦习惯“有味”的口感后，宝宝就会拒绝天然食材的味道，进而拒绝吃天然本味的食物，养成日后高盐饮食的不良习惯。值得注意的是，这里说的“盐”不光指的是食盐，其他的调味料里也有“盐”，比如鸡精、味精里的“盐

（钠）”加得就不少，做辅食的时候也是要规避的。

所以说，烹制6~12月龄的婴儿辅食时不应加盐，不加其他调味品（如味精、鸡精等）。可以少量加入植物油，每天5~10g。先别急着给咱家宝宝增鲜添味，适当地滴点香油就好。

8.蔬果有营养，宝宝多吃也无妨吗

“瞧咱家孩子多爱吃苹果泥啊，这么一会儿半个苹果泥就全刮完吃光了，小家伙还张嘴要吃呢!”奶奶兴奋地说着。很多家长都认为水果既有营养口感又好，宝宝爱吃就多吃点呗，所以每天给宝宝吃很多水果，又是香蕉又是苹果的。蔬果里固然含有维生素、矿物质、芳香物质、有机酸等营养物质，但是蛋白质、脂肪、碳水化合物等营养素含量不足，也就是说，蔬果的营养并不全面，水果、蔬菜要搭配其他食物摄取，才能保证宝宝的营养需要。宝宝的胃容量十分有限，水果吃多了势必会减少其他食物的摄入量，易造成营养素摄入不均衡，反而得不偿失。

有个数据可以供大家参考：宝宝满1周岁时，每天摄入蔬菜、水果各25~50g即可，不到1周岁的则再少一些。50g（1两）是啥概念？大约是一根香蕉的1/3，一个大苹果的1/5。瞧，咱家宝宝又吃多了吧！

这样添加辅食更健康

1.添加辅食的“六原则”

（1）从一种开始逐渐过渡到多种。

（2）从稀逐渐变稠，由泥糊状逐渐过渡到固体。

（3）质地应从细小逐渐变粗大。

（4）添加的食品应从少量开始逐渐增多。

（5）一遇宝宝不适应马上停止添加。

（6）添加的食品要鲜嫩、卫生。

2.宝宝辅食制作小技巧

（1）蒸的比水煮的更能保存营养。这是因为很多水溶性营养素在水煮时会流失，煮的时间越长，营养素损失得就越多。我们可以尝试多用蒸来代替煮，比如蒸土豆泥、蒸胡萝卜泥、蒸肝泥等。

（2）让宝宝享受食物的原汁原味，不建议加糖、加盐、加酱油。让宝宝适应各种食材的天然口感，这对宝宝未来的健康很重要啊!

（3）“偷懒”小窍门：一次制作多一些果泥、菜泥、肉泥、虾泥等。制作完成后马上放入冰箱冷冻室，食用时只需化冻完全后加热即可。

（4）亲自制作的辅食没有任何添加剂及防腐剂，所以要贴上小标签，标注制作食材及日期。

3. 1岁内添加辅食“四注意”

（1）添加单一的流质、泥状辅食的时间不宜超过8月龄，流质食物不要长时间作为宝宝的单一辅食。8个月后应该逐步向半固态食物过渡，这样可以慢慢锻炼宝宝的咀嚼能力。

（2）添加辅食后仍然继续坚持母乳或婴儿配方奶喂养，辅食只能作为乳类的辅助品。6个月内的宝宝几乎完全以乳类作为食物，6个月到1岁间的宝宝，每日奶量也应保证在600~800mL。

（3）让宝宝享受食物的原汁原味，不建议加糖、盐、酱油等调味品。让宝宝适应各种食材的天然口感，还不会增加肠胃的负担。

（4）千万不要强迫宝宝进食，营造一个愉快的进餐环境，可选在宝宝心情愉悦的时候进餐。宝宝不愿意吃的时候或者还剩下最后几口时，为了不浪费，强迫塞进宝宝嘴里的情况会让宝宝产生逆反情绪。

4.给宝宝喂饭的“三误区”

每个宝宝都是上帝送给家长的天使，就像白纸一样纯洁，一切的饮食习惯都是后天养成的。好的饮食习惯会让宝宝受益终生，不良的饮食习惯则会影响宝宝的健康。以下列举几种宝宝喂饭的小误区，各位妈妈中招儿了吗?

误区1：用嘴咀嚼后喂食

很多宝爸宝妈白天都要上班，多数宝宝由家里的老人代为照顾。而很多老人的喂养方式还停留在过去的年代，认为只要能养活孩子就是好的，往往在很多细节上不注意，这很可能会给宝宝的健康带来隐患。如在添加辅食的时候，尤其是给宝宝吃肉丸或是不太好咀嚼的食物时，很多老人会把食物先放到自己嘴里咀嚼，然后再给宝宝吃，认为这样帮宝宝咀嚼后，宝宝消化得更好。但是他们忘记了一点，如果大人不注意口腔清洁，口腔中的细菌会通过唾液传给宝宝，而宝宝的免疫力通常较低，很容易被感染。而且这时候宝宝正处于牙齿的萌发期，进入口腔的细菌不但会影响乳牙的萌发，还会诱发早期龋齿。其实，让宝宝不断咀嚼有利于牙齿的生长。

因此，建议给宝宝制作食物的时候，尽量将食物切得碎一些、煮得烂一些，多给宝宝提供咀嚼的机会，这样对宝宝的牙齿和智力的发育都有好处。

误区2：和全家一起吃大锅饭

很多家庭到了宝宝1岁以后（可以吃固体食物时），通常图省事儿就让孩子跟着全家人一起吃大锅饭了。这样确实省了单独给宝宝做饭的麻烦，但不利因素也随之而来。成人的饮食通常为了追求味道的美好，会加入一些调味料，如酱油、味精、耗油等。这些调味品中都含有盐的成分，对于成人来说是没问题的，然而对于小宝宝来说，会给他们未发育完善的肾脏带来很大的负担。同时，成人的饮食多以炒为主，有大量的油脂，宝宝娇嫩的肠胃无法吸收这么多的脂肪，很可能会出现消化不良或腹泻等情况。

因此，对于3岁以内的宝宝来说，食物最好是单独制作，并注意清淡、少油、少盐，给宝宝选择卫生、易消化的健康食物。

误区3：只要乖乖吃饭，什么条件都答应

一到吃饭时间就上演全家总动员的家庭不占少数，其目的只有一个，就是希望家中的小宝宝乖乖吃饭。为了这儿，家长们可谓是使出了浑身解数啊。用玩具逗、做鬼脸、跳舞、躲猫猫，反正能想到的都用上了。好不容易终于吃完了，可下次再用同样的方法又不管用了。

其实，良好的饮食习惯是从小养成的。从宝宝开始吃第一餐饭的时候就应该给他营造一个安静的就餐环境，而不是一边看着电视，一边听着家里人高谈阔论，一边吃饭。因为宝宝对周围的环境充满了好奇心，自控能力较差，注意力很容易就被周围的事物所吸引，心思不在吃饭上，所以吃饭时要尽量安静。

还有一招也是家长们常用的，就是给宝宝承诺，如“好好吃饭就带你去动物园玩或是给你买你喜欢吃的糖果”等。如果真的实现了承诺，那么宝宝下次还会用吃饭来达到他想要的目的；如果没有实现承诺，那么下次他就不会再相信你，以后就更加不会好好吃饭，而且很可能还会模仿大人说谎。

从小帮宝宝养成良好的饮食习惯会让宝宝受益终生，妈妈们千万不要错过这个关键时刻啊！

营养食谱为孩子保驾护航

1.宝宝健康第一餐（第一阶段：6～7个月）

双色奶泥

食材

主料：土豆30g、胡萝卜20g、婴儿配方奶适量。

做法

小贴士

● 食用时，奶泥不宜调配过干，视小宝宝的情况酌情添加。

（1）土豆、胡萝卜削皮，上锅蒸20分钟。

（2）将蒸好的原料打成泥，用卡通模具成型摆盘。

（3）食用时配合适量婴儿配方奶，可单独食取，亦可调和食用。

【营养优势】

营养全面易吸收，口感绵软易消化。

（1）土豆属谷薯类，可提供丰富的碳水化合物，为小宝宝的发育提供充足的能量，而且维生素、矿物质的含量也不低。

（2）胡萝卜鲜亮的颜色可吸引小宝宝食取，其富含β胡萝卜素，摄入体内后可转化成维生素A，可促进宝宝视网膜、表皮细胞、黏膜组织的发育。

（3）配合配方奶食用，营养更全面。

鸡茸南瓜糊

食材

主料：鸡胸肉20g、南瓜20g。

做法

（1）用料理机把鸡胸肉打成泥（鸡茸），上锅蒸熟。

（2）将南瓜去皮后放入锅内蒸熟，并用勺子捣成泥。

（3）稍后将鸡茸与熟南瓜泥混合即成。

> **小贴士**
>
> • 南瓜皮口感粗糙，可能会对宝宝娇嫩的肠胃造成损伤，所以，制作时南瓜一定要去皮蒸制。

【营养优势】

（1）鸡肉中的蛋白质含量丰富，结构松散，更有利于宝宝消化和吸收。

（2）南瓜中含有类胡萝卜素，摄入体内后可以转化成维生素A，可促进宝宝的生长发育。

（3）南瓜虽然口感细腻，但其含有丰富的膳食纤维，可以预防宝宝便秘。

2.享受美食又一餐（第二阶段：7~9个月）

蛋黄蔬菜面

食材

主料：熟蛋黄1枚、绿叶菜50g、宝宝面条30g。

做法

（1）应季绿叶菜，比如小白菜、油菜、菠菜等，洗净后用开水焯一下，再处理成菜泥。

（2）用小勺将熟蛋黄压成泥，然后和菜泥充分混合。

（3）面条放小锅里煮，煮至软烂后捞出备用。

（4）蛋菜泥可与不带面汤的面条混合食用，也可带汤混合食用。

小贴士

- 给宝宝做辅食的原则是天然、原味、无添加。宝宝面条本身含有盐，所以不用另外加调味料了。

（注：图中含有彩椒等辅料，这是为了拍摄效果而加入的，实际制作时可不加，若要加入则必须煮到软烂，以防噎到孩子）

【营养优势】

（1）鸡蛋是一种接近完美的食物，蛋黄的营养更为丰富，且易于被宝宝吸收，能提供宝宝发育所需的蛋白质、维生素和矿物质。

（2）绿叶菜所含的维生素和矿物质远远高于瓜茄类蔬菜，且含钙、铁丰富，煮熟后膳食纤维易于被人体吸收（因已软化），能够维护宝宝的肠道环境，预防宝宝便秘。

（3）面条提供碳水化合物，鸡蛋提供蛋白质和脂类，绿叶菜提供维生素和矿物质，这道美味做法简单、营养均衡。

肝肉泥

食材

主料：鸡肝20g、里脊肉20g、西红柿10g。

做法

（1）鸡肝、里脊肉煮熟后，切成小块。

（2）西红柿洗净后去皮，切成小块。

（3）将鸡肝、里脊肉、西红柿混合后放入料理机中打成泥。

小贴士

● 西红柿皮如果打不碎，极易噎着宝宝，所以制作前要用刀在西红柿顶端划一“十”字形，然后用热水浸泡一下，就能非常顺利地去皮，这样更适合宝宝食用。

【营养优势】

（1）鸡肝是维生素A、铁的良好食物来源。

（2）里脊肉中的蛋白质含量高、质量高且易于吸收，利于宝宝的生长发育，而且里脊肉属红肉，铁含量丰富，和鸡肝同食是对铁的加倍补充，可有效预防缺铁性贫血。

（3）西红柿是番茄红素、维生素C的很好来源。

3.营养均衡开“大餐”（第三阶段：9～12个月）

虾茸青菜粥

食材

主料：鲜虾2只、绿叶菜30g、白米粥50g。

小贴士

● 绿叶菜本身就有咸味，虾茸中有少许咸味，所以粥中不用额外加盐。

做法

（1）鲜虾剥壳、剔除虾线，加少许盐煮熟，碾成虾茸。

（2）绿叶菜焯水后剁成小碎。

（3）把虾茸和碎菜加入煮好的米粥中搅拌均匀，稍煮即成。

【营养优势】

（1）鲜虾可提供优质蛋白质，碾成虾茸后更容易被宝宝咀嚼吞咽。

（2）绿叶菜可补充宝宝所需的维生素和矿物质。

菠菜鱼丸软面条

食材

主料：鲈鱼30g、菠菜30g、面条50g、有机酱油1g。

做法

（1）鲈鱼去皮去骨，鱼肉剁成鱼茸，挤成珍珠丸子，入水焯熟。

（2）菠菜焯水，切段。

（3）面条煮至八分熟，加入鱼丸、菠菜，直至面条软烂，点酱油即可出锅。

【营养优势】

颜色丰富有食欲，营养丰富促发育。

（1）鱼肉可提供优质蛋白质，可以促进宝宝的生长发育，不饱和脂肪酸又能促进宝宝的智力发育。

（2）菠菜富含维生素和矿物质，可给予宝宝更多均衡的营养。

小贴士

● 选用刺少的鱼肉，摘净鱼刺后制成鱼丸，避免鱼刺伤到孩子。

如何才能给孩子挑选最好的食物（1～2岁）

1.宝宝选食物，必须有“讲究”

给孩子喝什么奶？孩子1岁了，刚刚断了母乳，家里准备了婴儿配方奶。除此之外，奶奶又给宝宝买回了一箱某个牌子的酸酸乳。酸酸的、甜甜的……奶奶说了：“这个口味孩子爱喝，还省了泡奶粉的麻烦，以后啊，就拿这个给大宝当一顿奶喝吧！”

有着和奶奶一样想法的家长可不在少数，咱家不缺钱，不嫌这些好喝的“奶”贵，孩子爱喝，我们就给他买！其实，有这样想法的家长们真错啦！考你个简单的问题：什么样的产品可以称为“奶”？

对于这一点，国家有着明文规定：牛奶中除去水分以外的固体物质应当在11.2%以上，蛋白质含量应当在2.9%以上。让我们再来看看这些酸酸甜甜的“奶”吧，它包括酸酸乳、妙酸乳、活性乳、含乳饮品、乳酸菌饮料等。按照国家标准，乳饮料类产品的蛋白质含量应当达到1%以上，也就是说，这些“奶”的主要营养成分含量只有牛奶的1/3左右！即使这些产品后期添加了维生素AD或乳酸菌等所谓的“高营养”成分，它们的营养价值和钙的吸收率仍然大大低于真正的牛奶。家长们大可不必花冤枉钱去买这些性价比极低的乳饮料给孩子，更不可用它们来代替奶！

2.远离香精诱惑，别上奶精的当

今天宝宝出去玩的时候，小伙伴的妈妈跟宝宝“分享”了一个好吃的奶片。人家妈妈说了，奶片可是奶浓缩的精华，平时拿这个给孩子当零食，既营养又健康。要不咱家也给宝宝买点儿去？

先别着急，咱们先了解一下奶片里面都含有什么，看清真相再消费！

一般来说，一板奶片80%是奶粉，20%是糖。这里指的是有信誉的大厂家生产的奶片。市场上还能见到由奶精、植脂末制造的产品。要知道，这些“奶”对宝宝的健康是一点益处都没有的。再说说“糖”，为了增加奶片的口感，糖和糊精自然少不了，再配上眼花缭乱的添加剂，指望着奶片来补充营养，真的不如给宝宝选择“正经”的奶啊！

3.认识食品添加剂——选择不能太好“色”

冰淇淋好吃，大人都难以抵御它的诱惑。宝宝天性好甜，一旦尝试必爱不释口。细看一下冰淇淋的营养成分表，它算是一款营养价值相对高的甜食，能提供丰富的蛋白质、脂肪和糖。这些营养成分多来自于奶、蛋黄，宝宝少量尝试即可，多吃不宜。这是因为：

- 高能量会影响宝宝进食正餐的胃口。
- 冰凉食物对胃肠道有不良刺激。
- 添加剂过多。冰淇淋被称为添加剂的移动仓库，不能不小心！

为了让孩子有吃的乐趣，很多小食品都被加工成图案各异、五颜六色的样子，妈妈们认为图案和色彩会增加宝宝进食的乐趣，但是五颜六色的背后可是添加剂在帮忙啊！宝宝还那么小，这些颜色和口感都很诱人的小零食很可能会给宝宝的脏器带来负担，而且还会导致宝宝缺锌。所以，给宝宝选择小食品时可千万不能太好“色”。

4.做个男子汉，不可吃“软”饭

宝宝慢慢长大了，可是奶奶还是沿袭以往的辅食制作方式，坚持软、烂、糊、汁。她说：“这样宝宝吃着省力气，食物做烂了还更好吸收呢，一举两得，多好！隔壁家孩子都两岁了，只吃过粥，还从来没吃过米饭呢，人家不是一样长得好好的吗？”

奶奶，这样可不行啊！软烂的食物吃着虽然省事儿了，但却会使宝宝咀嚼、消化能力和发育落后，迟迟不能接受固体食物，还会影响营养素的摄取呢！辅食添加不仅是为了补充宝宝所需的营养，还能训练宝宝咀嚼、口手动作和消化吸收能力，促进其神经协调活动。

随着月龄的增长，应该逐渐过渡到较软的固体（如煮熟的蔬菜）、硬固体食物（如水果、饼干等），这样有助于锻炼宝宝的咀嚼能力、胃肠消化能力。所以，应该根据月龄主动锻炼宝宝吃更大块（菜泥→碎菜，果泥→小果块→大果块，肉末→肉丸、肉丝）、更硬（米糊→软米饭→米饭）、更固体（蛋羹→煮鸡蛋）的食物。

5.给孩子最好的食物，认识有机食品

宝宝练习咀嚼，要不要让他拿着整块的水果、蔬菜直接啃呢？

当然可以！比如可以切一块小黄瓜、一块胡萝卜或者一块苹果给宝宝吃，不光训练了宝宝的咀嚼能力，还对他口手动作的协调有促进作用呢。但是，食物的安全性就显得很重要了。

你是否也会担心农药的残留、重金属的污染会给孩子的健康带来威胁？那么，如果有条件的话，可以选择相对放心的有机食品。

有机食品的要求

- 农业生产过程中，不能使用化学合成的农药和化肥，也不能使用转基因技术。
- 食品加工过程中，只能使用有限的有机食品生产许可的安全添加剂和包装材料。
- 产品必须符合相关的标准，通过产品检测。
- 在生产、加工和销售的每个环节中，都有严格的管理，产品具有可追溯性。
- 产品上有“有机食品”标识。

有机食品的特点

降低食用风险，口感风味更佳，营养健康加倍。

如此看来，可以根据自身的条件适当地给咱家孩子选择有机食品呢。

6.远离膨化食品可以更健康

今天出去玩，宝宝吃到了别的小伙伴给的某雪饼，口感松脆，气味芳香，宝宝很爱吃呢；而且它是独立小包装，携带方便，看似是一款相当好的“辅食”呢。

还是那句话：“看懂真相再消费。”让咱们来看看膨化雪饼里有什么吧。

三口膨化食品等于一口脂肪

脂肪的参与是为了让这些粮食原料口感更好。通常市场上销售的膨化食品、虾片的脂肪含量多为25%~35%，锅巴约为37%。

膨发剂带来铝污染

这么松脆的口感主要是来自于化学膨发剂，这里面大多含有碳酸氢钠、明矾（钾明矾和铵明矾）等。明矾价廉物美，用量越多，膨发的效果越好。明矾中含有铝元素，对儿童而言，铝残留物的摄入会影响智力发育，干扰思维和记忆。

所以，膨化雪饼虽好吃，但宝宝还是要远离！

四季健康餐，助宝宝健康成长

1.春季生长餐——肝菜胡萝卜粥

食材

主料：鸡肝10g、油菜20g、胡萝卜20g、白米粥50g、葱1寸段、姜2片、盐1g。

小贴士

- 视宝宝口味，鸡肝也可用猪肝替代，只是口感稍微粗糙一些，但其营养优势和鸡肝相当。
- 盐一定要限制，盐放多了会给宝宝的肾脏增加负担，也会让宝宝远离天然食物的味道。

做法

（1）鸡肝洗净后加水入锅，加葱段、姜片煮沸后，加盐，改小火煮10分钟，去筋后捞出，碾成肝泥备用。

（2）将油菜、胡萝卜洗净，焯水后切成小碎。

（3）白米粥熬好后加入肝泥、蔬菜碎，熬煮3分钟即可。

【营养优势】

（1）鸡肝口感细腻且易消化，营养丰富，可补充铁、维生素A，让宝宝在春季充满活力。建议每周吃2~3次鸡肝。

（2）油菜、胡萝卜可提供维生素和矿物质，使粥品颜色鲜艳，增进宝宝的食欲。

2.夏季防暑餐——什锦丁

食材

主料：胡萝卜、彩椒、豆腐、黄瓜各20g。

辅料：蒜1瓣、橄榄油5g。

调料：盐0.5g。

做法

（1）胡萝卜、彩椒、豆腐、黄瓜切丁，锅中水沸后倒入豆腐丁、胡萝卜丁煮1分钟，然后放入彩椒丁、黄瓜丁煮1分钟，最后捞出四丁备用。

（2）锅热后放入橄榄油、蒜，烹出香味，倒入四丁，翻炒1分

钟，即可出锅装盘。

小贴士

● 豆腐焯水的时间可以长一点，蔬菜焯水的时间则不要超过1分钟，这样营养素损失不多。

● 热锅凉油炒制，这样可以尽可能多地保留橄榄油的有效成分。

【营养优势】

（1）彩椒富含维生素C，胡萝卜富含β胡萝卜素，蔬菜是对宝宝所需维生素和矿物质的良好补充。

（2）豆腐的口感软糯且利于咀嚼，豆类制品含有丰富的蛋白质和钙质，可促进宝宝的生长发育。

（3）橄榄油富含不饱和脂肪酸，有利于宝宝的身体健康。

（4）本品颜色鲜艳、味道清爽，在炎热的夏季能够促进宝宝的食欲。

3.秋季防燥餐——肉菜小馄饨

食材

主料：芹菜（带叶）30g、马蹄20g、瘦猪肉30g、馄饨皮10片。

辅料：葱适量、油2g、油菜心1个。

调料：盐0.5g。

做法

（1）芹菜整根焯水，切成碎末；马蹄、瘦猪肉、葱分别剁碎。

（2）猪肉馅里加入油、盐和匀，然后倒入马蹄碎、芹菜末搅拌均匀，馅料即成。

（3）馄饨包完后，沸水下锅煮熟，出锅前加入油菜心，即可出锅。

【营养优势】

> **小贴士**
>
> ● 芹菜叶中的维生素、矿物质、膳食纤维和植物活性物质的含量，综合评价远高于芹菜茎，所以入馅时一定要带叶。
>
> ● 也可做成小饺子给宝宝食用，建议原汤搭配饺子，饺子汤里有析出的水溶性维生素。

（1）芹菜富含维生素、矿物质、膳食纤维和植物活性物质，为宝宝营养素的均衡提供帮助的同时还可防秋燥。

（2）马蹄口感清脆，可防燥清火，适于宝宝秋天食用。

（3）瘦猪肉为宝宝的健康成长提供了优质蛋白质和铁的支持，脂肪含量少且不油腻。

（4）由于有馄饨皮的包裹，营养素保留得比较全面。

4. 入冬暖胃餐——虾肉青菜面

冬季饮食注意：多“甘”多“暖”，远离“寒”“酸”。

食材

主料：面条50g、鲜虾2只、菠菜20g。

辅料：紫苏油1g、葱蒜末适量。

调料：盐0.5g。

做法

（1）鲜虾剥壳、挑虾线，焯水后剁成小段；菠菜焯水（半分钟），切断备用。

（2）油锅稍稍煸炒葱蒜末，加水煮面，放入碎虾，最后加盐、放菠菜段即成。

小贴士

- 油温不要过热，否则会破坏紫苏油的有效成分。
- 虾碎和菠菜段的大小，可视宝宝的实际情况进行调整。

【营养优势】

（1）鲜虾可提供优质蛋白质，菠菜可提供铁和钙，面条富含碳水化合物，鲜虾和面条为寒冬时节的宝宝提供了充足的能量。

（2）紫苏油和亚麻籽油所含的脂肪酸是一样的，一方面能够提供能量来帮助宝宝过冬，另一方面可促进宝宝的智力发育。

“送”给孩子最健康的礼物（2~3岁）

1.让孩子爱上天然食物

宝宝看着别的小朋友香香地吃着干脆面，于是央求妈妈也给自己买了一包。看着宝宝陶醉地嚼着干脆面，妈妈满心欢喜，面也是粮食嘛，宝宝吃饱了还省得做一顿饭了呢。

妈妈们啊，这些又香又脆的小零食不仅没有丰富的营养，而且里面的钠和各种添加剂的含量超高，这对于正处在生长发育期的幼儿来说是非常不利的。据研究，孩子的饮食习惯在5岁前就开始形成了，这个时期的家长对宝宝饮食质量的把控就显得尤为重要了。父母对天然食物的态度及对一日三餐的重视都会影响到孩子对营养的认知。如果爱孩子，就亲手给他做饭，孩子的身心健康不是用钱就能够换来的。

2.宝宝爱“豆”赛过肉

大豆和杂豆各有各的营养，丰富的蛋白质、膳食纤维对大人和孩子的健康都有很多益处。那么，怎么让宝宝爱上吃豆呢?

大豆可以打成豆浆，然后和在面里做成小馒头或者面条。这样的搭配不仅口感柔软可口，还能实现完美的蛋白质互补作用。

杂豆（红小豆、绿豆、芸豆等）可以提前泡软，蒸熟后打成豆馅，做成可口的小豆包。还可以直接煮粥，香甜软糯的红豆粥宝宝一定爱喝!

3.巧食海鲜助发育

鱼虾上市的季节，宝妈今天买虾明天蒸蟹，总是想让孩子多吃点儿。奶奶不乐意了，说海产品污染严重，还有寄生虫什么的，千万别再给孩子吃海鲜了。虽应避免过量摄入海鲜，但也不要为了害怕污染问题而拒绝海鲜。那么，海鲜如何才能吃得安全呢?

首先，选择很重要。水产品容易被污染，所以应选择来源可靠的、有产地说明的，最好有食品安全认证的产品。污染水域的产品不能买。那些体型奇特、骨骼异常、眼球浑浊的水产品也不建议购买。

其次，彻底煮透，杀灭寄生虫。

另外，要特别提醒妈妈们的就是，处理海产品的时候一定要把腮、肠道、肝脏去除干净，因为这些都是重金属和毒素最容易聚集的地方。

4.吃好三餐，健康留身边

(1) 吃好早餐有办法

宝宝两岁多，还没上幼儿园，“早餐一般是饼干、蛋糕、面包轮换，外加一杯牛奶，我家的早餐模式已经延续了几十年，没觉得有什么不好，孩子大了也就跟着我们一起这样吃吧。”这样的早餐组合显得太“寒酸”了，不是说食材低廉，而是指食材太过单一、搭配不合理、营养素不均衡，很明显就是没把早餐当回事。早餐担负着经过一晚后身体的能量补充，还担负着一上午的能量供给，所以马虎不得。那么，什么样的早餐才是“优质”的呢？它必须满足以下四个条件:

①充足的水分。早起喝一杯温开水。

②足够的蛋白质。一杯儿童配方奶，既可补充水分又可带来优质蛋白和钙质（酸奶、豆浆也可以）；一杯鸡蛋羹或者水煮蛋，可以提供6g的优质蛋白。

③足量的碳水化合物，如面条、面包、小花卷等。

④适量的蔬菜、水果。煮面条的时候可以放入一点小青菜，或者圣女果等可以直接吃的新鲜时令水果。

菜谱举例

宝宝三明治

食材

主料：全麦面包1片、生菜叶1片、火腿1片、麻酱1小勺。

做法

①将全麦面包按对角线切成两个三角形，抹上麻酱。

②生菜叶焯水半分钟，过凉备用。

③将生菜叶、火腿片切成面包片三角形大小，加入两片面包片中间。美味三明治新鲜出炉啦，可配上一杯牛奶食用。

小贴士

- 火腿是咸的，所以不需单独放盐。
- 生菜叶也可用西红柿片、黄瓜片等蔬菜代替。
- 可再搭配一份水果，那就更完美了。

【营养优势】

①全麦面包保留了更多的B族维生素和膳食纤维。

②麻酱所含的钙质丰富，堪称超营养中式面包酱。

③动物性食物火腿、属蔬菜的生菜叶、属谷类的全麦面包、1杯牛奶，摄入以上食材即可从种类上达到营养均衡的标准。

多彩煎饼

食材

主料：生面粉50g、鸡蛋1个、胡萝卜30g、青菜叶30g。

辅料：葱末适量。

调料：盐1g、植物油5g。

做法

①将胡萝卜擦成丝，青菜洗净后切细碎，葱切末，备用。

②把鸡蛋放入碗中打散。

③将面粉一点点倒入鸡蛋液中，注意边撒面粉边搅拌，直到呈糊状。

④把事先切好的蔬菜与面糊混合，加入少许盐。

⑤平底锅烧热后加入少许油，油热后将面糊倒入锅内，并平铺到整个锅底，每一面煎2分钟即可。

小贴士

● 胡萝卜、青菜要尽量切碎，这样更容易熟，口感也会更加细腻，更容易获得宝宝的喜爱。

● 多种食材混合的做法掩盖了胡萝卜的味道，不会引起不喜欢胡萝卜味道的宝宝的注意。

● 好吃的彩色煎饼是很多宝宝的最爱，再配上一杯奶和一小碟水果丁（胃口小的孩子可以把奶和水果放到上午加餐时吃），一份既简单又营养的早餐就上桌啦！

【营养优势】

本品口感细腻、营养丰富。

①加入胡萝卜、青菜，能够让宝宝摄入类

胡萝卜素、维生素C、钙、钾等营养素。

②加入了鸡蛋和面粉，使得本品口感细腻，能够从口感上得到宝宝的喜爱。

③本品颜色鲜艳、丰富，能够引起宝宝的注意，喂食更顺畅。

（2）午餐、晚餐有原则

- 幼儿膳食单独加工、烹调，选择合理的烹调方式。
- 食物切碎煮烂，易于幼儿咀嚼、吞咽和消化。
- 鱼、肉要去骨、刺等。
- 坚果、花生要磨碎，避免发生卡噎。
- 烹调方式宜采用蒸、煮、炖，不建议煎、炸、烤。
- 口味清淡，不宜过咸，不建议用味精、鸡精、辣椒等调味品。

菜谱举例

菜谱一：百合溜肉片，菠菜花生碎，二米饭（一小碗）。

加餐：酸奶两小盒、一小碟时令水果丁。

百合溜肉片

食材

主料：里脊肉50g、百合10g、红黄彩椒各半个。

辅料：鸡蛋清1个、葱适量、淀粉适量、胡麻油5g。

调料：盐1g。

做法

①里脊肉洗净切片，放入鸡蛋清、淀粉后抓匀备用。

②百合、红黄彩椒洗净焯水，彩椒切成菱形片。

③里脊肉水焯后沥干。

④锅热后倒入胡麻油，放葱炒香，放入里脊肉翻炒1分钟后，加入百合、红黄彩椒片，继续翻炒1分钟，放盐出锅。

【营养优势】

①油因为所含的脂肪酸不同，所以要替换着吃，胡麻油含油N-3系列不饱和脂肪酸，可以促进宝宝的大脑发育。

②这道美味肉片嫩滑、彩椒清脆、百合绵软、麻油奇香，是蛋白质、脂类、维生素和矿物质的完美结合。

小贴士

● 里脊肉水焯不过油，这样温度低，营养保留得较为全面，可避免吸油而致能量过剩和有害物质的产生。

菠菜花生碎

食材

主料：菠菜100g、熟花生仁10颗。

调料：香油1g、醋2g、盐0.5g。

做法

①菠菜洗净后整根焯水，1分半钟后捞出（不过水）备用。

②花生去皮后一分两半。

③菠菜切段，放入花生仁，加入香油、醋、盐，搅拌均匀后装盘。

小贴士

- 焯水的时长决定了菠菜的软烂程度，要根据宝宝的实际吞咽程度和咀嚼能力来控制时间，焯水后不用过水，这样可以减少水溶性维生素的损失。
- 宝宝尽量和全家人同坐吃饭，边玩边吃、边说边吃或边跑边吃不利于宝宝消化和吸收，同时也易造成食物进入气管，严重者会发生窒息。
- 花生仁可锻炼孩子的咀嚼能力，但也要视孩子的实际情况添加，碾碎程度同理。

【营养优势】

①绿叶菜含有丰富的钙、铁和植物活性物质，是蔬菜里营养的翘楚。

②花生仁属坚果，可为宝宝提供不饱和脂肪酸和丰富的矿物质，可促进宝宝健康成长。

③焯拌的烹调方式，既去掉了菠菜里影响钙吸收的草酸，又最大程度地保留了菠菜中的营养成分，而且能软化膳食纤维，利于宝宝消化。

二米饭

食材

主料：大米100g、小米30g。（全家人的米饭也可依此比例蒸制）

【营养优势】

小米参与弥补了大米B族维生素、膳食纤维的不足，使主食的营养价值大大提高。

小贴士

● 孩子的二米饭可多加水，使膳食纤维更加软化，利于宝宝消化。

菜谱二： 香菇烧带鱼，白菜炖豆腐，玫瑰小馒头（1个）。

加餐：牛奶一杯、一小碟时令水果丁。

香菇烧带鱼

食材

主料：带鱼60g、香菇30g。

辅料：植物油10g、姜1片、香菜少许。

调料：盐1g、酱油1g、白醋1g。

做法

①带鱼净膛，水中加少许白醋洗净带鱼（去腥），两面切斜刀，加酱油腌制上色。

小贴士

● 鱼刺一定要给宝宝拣干净，避免对宝宝造成不必要的伤害。

②香菇焯水备用。

③倒少许油，将带鱼两面稍微煎一下，加入适量水、姜片、香菇，炖制15分钟，起锅前放盐、撒入香菜叶即成。

【营养优势】

带鱼中富含优质蛋白质和不饱和脂肪酸，香菇富含矿物质，两者形成完美结合。带鱼刺少易挑，适合宝宝食用。

白菜炖豆腐

食材

主料：豆腐60g、白菜心50g。

辅料：香油1g、葱适量、姜1片。

调料：盐1g。

小贴士

● 注意控制时间，以免白菜太过软烂，破坏口感和营养。

做法

①豆腐切片焯水。

②锅中水烧开后，放入姜、葱、豆腐，白菜切段入锅，开锅1分钟，放盐、点香油即成。

【营养优势】

汤菜虽清淡，营养却不寡淡。

①豆腐可提供优质的植物蛋白质和丰富的钙质，可促进宝宝的生长发育。

②白菜可给宝宝补充维生素和矿物质。

玫瑰小馒头

食材

主料：生面粉15g、熟紫薯15g（面粉与紫薯的比例为1:1）、安琪酵母少许（按500g面粉加3g安琪酵母的比例添加）、水5g。

做法

①安琪酵母加水混合，逐渐添加到盛有紫薯和面粉的碗中，揉成

面团。

②将面团放入带盖的容器内，室温静置1小时左右（根据温度的高低调节时间，温度高则时间短，反之则时间长）。

③发酵好的面团擀长条，绕成玫瑰状，上锅蒸20分钟左右即成。

【营养优势】

①薯类的碳水化合物含量较高，可以代替谷类作为主食。此外，维生素B、维生素C、钾、膳食纤维的含量也很高。

②紫薯中花青素的抗氧化作用，能够让宝宝更健康。

【两组菜谱综合营养评价】

营养丰富均衡

- 食物多样，荤素搭配，有利于营养素的全面吸收。
- 粗细搭配，结合薯类，让膳食结构更为均衡。

【2～3岁宝宝的膳食原则】

要保证足量的主食；多吃新鲜蔬菜、水果；吃适量的鱼、禽、蛋和瘦肉；每天足量饮水，少喝含糖高的饮料。

慧眼识误区，巧妙排陷阱

1.远离最“坑爹”的补钙方法

奶奶今天给宝宝炖了骨头汤，“这骨头里面全是钙，熬出汤来给孩子喝，补钙效果最好了，骨头汤补钙的做法可是老辈人传下来的啊，一定错不了，你看咱家大宝喝得多香啊！”想着这钙也补了不少，奶奶脸上乐开了花。

喝骨头汤补钙是真的吗？骨头汤，尤其是那种浓浓的奶白汤，光线照射下呈现出诱人的乳白色，这白色的汤是溶出来的钙的颜色吗？还真不是，不是钙那会是什么？“白色物质”不是钙而是脂肪，脂肪颗粒被蛋白质包裹着，均匀地漂浮在汤里，形成了口感滑腻的乳白浓汤。骨头里面的钙是很难被煮出来的，能跑到汤里的量微乎其微，因此，想靠喝骨头汤来补钙是根本行不通的。喝这样的浓浓骨头汤，大宝这钙没补上，倒是补上了多余的脂肪！这样长期喝下去，宝宝就离小胖墩儿不远了。

2.别让果冻夺走孩子的健康

宝宝都两岁多了，小的时候不敢给他吃果冻，怕噎着。现在大了，终于可以给大宝买点儿了。果冻果冻，肯定是浓缩了果汁的精华啊，既好吃又有营养，别说孩子了，连大人都爱吃……

果冻里面究竟有啥？让我们一起看一下配料表就全清楚了。

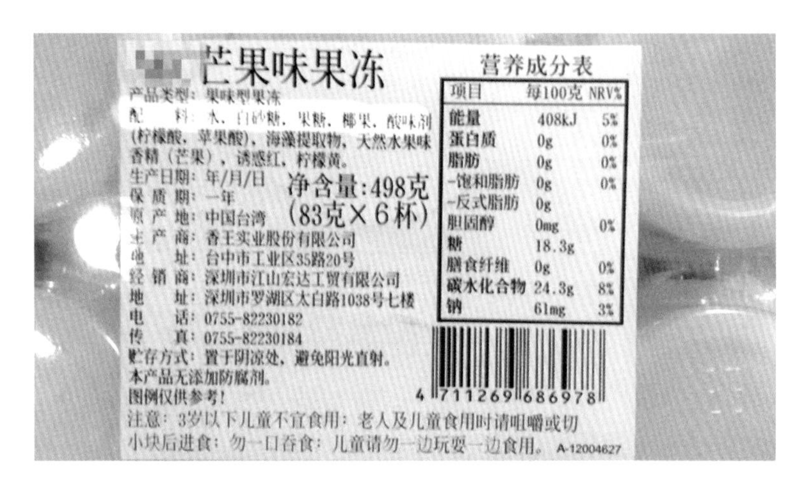

水、白砂糖和甜、酸味调节剂，外加香精色素。看过配料表后，您还认为果冻是浓缩的水果精华吗？果冻其实是除了糖以外几乎没什么营养的小食品。咱还是给孩子吃天然的水果吧！

3.拒绝甜饮料，远离伤害

不吃果冻，咱给宝宝喝点果汁总行吧？水果天天吃多麻烦，果汁喝两瓶，营养更全面！

我又要打击宝妈了，市面上销售的很多果汁、果味饮料，往往用各种健康理念打着广告，用各种促销活动来刺激人们的购买欲，但其实质却不是“果汁”，果蔬原汁不会超过10%，其余90%都是由水、甜味剂、增稠剂、香精和色素勾兑而成的，对人体的益处实在不多。若把它们当成健康饮料来给孩子喝，不但没有益处，反而会加重孩子肝肾代谢负担、增加患龋齿和肥胖的风险。更有甚者，花花绿绿的色素还会导致孩子体内缺“锌”，很可能出现发育迟缓、异食癖、多动症、免疫力低下、性发育障碍等问题。为了宝宝能够健康成长，还是让孩子远离甜饮料吧。

4.可乐实在不可乐

每次宝宝看着大孩子们喝可乐，都会十分好奇和向往。他还会偷偷问妈妈：“那些大哥哥、大姐姐们爱喝的‘酱油’色一样好喝的是什么呀？”妈妈们，让我们仔细了解一下可乐到底“可乐”还是“不可乐”吧。每听（355mL）可乐含有39g白糖，150kcal能量，30~55mg咖啡因，30~40mg磷，还有焦糖色素。除了诱人的口味以外，实在没什么营养。不仅如此，它还有下面的坏处哦。

首先，高糖量会带来肥胖问题；其次，可乐中的酸味主要来自磷酸，在消化道当中，磷酸会降低钙、铁、锌、铜等多种微量元素的吸收利用率，对人体钙平衡的影响很大，尤其是正处于发育旺盛期的孩子们。所以，还是让咱们的宝宝远离可乐吧！

如何hold住偏食宝宝的胃

一到吃饭时间，就上演“追捕”戏码的家庭不在少数。这不，宝宝在前面跑，妈妈在后面追，总算把“小逃兵”按在餐椅上了，小家伙仍是东张西望、坐立不安，只关心玩具和游戏，似乎对桌子上的食物一点兴趣都没有。再不就是挑三拣四，这不吃那不吃，刚喂进去马上就给吐出来。“我最头疼的就是给宝宝喂饭，简直就是一场没有硝烟的战争！”宝妈一脸无奈。如何变被动为主动，让孩子爱上吃饭不挑食？下面就给你支几招。

1.家长带头，亲自参与

要想让宝宝不偏食，首先家长要起到带头作用，对家里餐桌上的各种食物都表现出喜爱，不要当着宝宝的面说哪个好吃哪个不好吃，这会无形中影响宝宝对某种事物的判断。

在就餐前的准备过程中，可以让宝宝也一同参与进来，如帮着洗菜、摆盘、分碗筷等。珍惜自己的劳动成果，这一点不仅对大人适用，对孩子也一样适用。你会发现，宝宝会对有他参与的菜肴额外“赏脸”。

2.多多鼓励，适当奖励

宝宝多是喜欢得到家长们的鼓励的，因此不要在宝宝不吃某种食物时批评他，那样只能让宝宝更加讨厌那种食物。相反，应多加鼓励。如宝宝不喜欢吃胡萝卜，可以给她讲小兔子爱吃胡萝卜，所以蹦蹦跳跳多可爱；又如男宝宝喜欢赛车，可以告诉他喜欢的明星之所以那么优秀，就是因为不挑食，如果你也想成为那样的人，就要从小不挑食。

适当给宝宝一些奖励也是个不错的方法，如："宝宝如果好好吃菜，妈妈就给你买最喜欢的玩具或参加你感兴趣的活动。"如果宝宝真的吃了，家长们也一定要兑现承诺，否则下次这招就不灵了。

3.形式多样，餐桌丰富

（1）变换烹调方法

不同的食物变换不同的烹调方法，如果总是烂粥或是面条，任谁都会吃腻的。让宝宝尝试不同的形式和不同的口感，如软煎饼、紫菜包饭、小发糕或是杂粮小菜团。

（2）设计出众造型

将菜肴或是主食制成不同的造型（如小猪、小兔子），或是摆成不同的图案，都可以吸引宝宝的兴趣。用多种颜色的蔬菜和水果点缀也会让宝宝眼前一亮，胃口自然大开。

（3）藏起食物

将宝宝不喜欢吃的食物加入到他喜欢的食物中。如制成馅料，把宝宝不喜欢吃的韭菜、芹菜等与香菇混合，加入到肉馅中做成小饺子或是小馄饨。加入的量由少到多，让宝宝逐步适应。或是将他不喜欢吃的胡萝卜、青椒等切成丝，加入面粉和鸡蛋调成糊，做成软煎饼。

（4）漂亮的餐具

选择宝宝喜欢的带有卡通图案的餐具，会大大增加宝宝的食欲，从而转移宝宝对食物的关注。

4.严把零食关

宝宝本来胃就不大，在吃了大量零食的情况下，哪还能吃下什么正餐！因此，一定要严格控制零食量，且最好在两餐之间吃零食，不要在饭前吃，以免抢了正餐的份儿。

另外，零食的选择上应以天然的蔬果、坚果及酸奶等食物为主。尽量少选颜色过于丰富、鲜艳及油炸膨化食物。过多的食品添加剂会影响孩子矿物质及维生素的吸收，不但影响胃口，还会阻碍孩子的生长发育。

儿童期的营养将影响宝宝一生的健康。帮宝宝从小养成不偏食、不挑食的好习惯，是每个做父母的必修课。

第5章 好父母胜过好医生

新生儿常见疾病（0~1个月）

1.让人着急的新生儿黄疸

宝宝出生3天后发现小脸有些偏黄，找医生看过，说是生理性黄疸，没有关系，自己慢慢就能退掉。但是，一直到满1个月，宝宝的脸还是有些发黄，注射疫苗时，医生建议先服用1周茵栀黄口服液退黄后再打疫苗，坚持吃药3天后果真效果明显，小脸变得粉嫩可爱多了，1周后再去注射疫苗时被告知宝宝完全正常。

其实，新生儿黄疸是指由于体内胆红素的蓄积而引起皮肤或其他器官黄染的现象，分生理性黄疸和病理性黄疸两类。前者就是俗称的暂时性黄疸，一般不需要特殊治疗。但病理性黄疸是需要积极治疗的，母乳性黄疸也属于病理性黄疸。对于没有经验的父母来说，要判断宝宝的黄疸属于哪一类确实不是件容易的事。一般来说，病理性黄疸有以下特点：①生后24小时内出现的黄疸；②黄疸程度重或迅速加重，手足心及巩膜黄疸比较明显，皮肤色泽暗或呈暗铜色，持续时间长，足月儿超过2周，早产儿超过4周；③黄疸消退后又反复出现；④精神欠佳，反应差；⑤腹胀，大便颜色浅或呈白陶土色，或尿液呈酱油色。另外，还有一个比较简单的方法，就是在自然光线下，将指尖轻压在婴儿需要检查的部位，当指尖挪开时皮肤呈黄色即为黄疸，如果仅是头面部黄染为轻度黄疸，如果躯干部皮肤黄染为中度黄疸，如果四肢和手足心出现黄疸为重度黄疸，中、重度黄疸需要及时去医院检查和治疗。

对于轻度黄疸，家长可用以下方法进行家庭护理：

（1）光疗

蓝光效果最好，但没有条件时可选择太阳光或普通日光灯，进行光疗时应尽量暴露新生儿黄染的部位，但需要注意保护新生儿的眼睛，避免光线直射。

（2）药物治疗

遵医嘱让宝宝服用茵栀黄口服液，也可口服维生素C及肠道益生菌（如妈咪爱），有协助退黄的作用。

（3）其他

母乳性黄疸症状轻时可少量多次母乳喂养，重时可暂时停用母乳，待宝宝黄疸减轻或消退后继续给予母乳喂养。

【温馨提示】

加强对新生儿的观察，包括皮肤颜色、精神状态、吃奶量及二便情况，如果有异常应尽快到医院进行检查，以便及时治疗，避免病情发展严重时引起胆红素脑病。另外，要注意新生儿的保温及皮肤的清洁、干燥。

2.不可忽视的新生儿肺炎

上周，邻居家妈妈发现一直胃口还不错的正正（出生10天）一吃奶就呛，嘴里还经常吐泡沫，而且感觉不像以前那么好动了，赶快带去医院检查，结果胸片提示正正得了肺炎。

由于新生儿呼吸道抵抗力弱，加之宝宝气管相对较短，清除细菌、尘埃的纤毛活动能力差，因此很容易受病原菌的侵犯，而且细菌进入后容易下行入肺。另外，宝宝对呼吸中枢的调节功能还不成熟，吞咽动作不协调，会导致乳汁、唾液等误吸入肺内，引起吸入性肺炎。

新生儿肺炎一般分为吸入性肺炎和感染性肺炎两类：前者是由于胎儿在子宫内，或分娩过程中吸入羊水、胎粪或产道分泌物，或出生后吸入乳汁等继发感染引起；后者是由于在母体内的产前感染及分娩过程中或产后感染出现的肺部炎症。

新生儿肺炎的表现：一般很少咳嗽，多数宝宝体温正常，鼻塞，会像小螃蟹一样嘴里吐泡沫，吃奶少或不吃，吃奶时还会伴有呛咳。仔细观察会发现宝宝呼吸加快，甚至出现点头样呼吸，有时伴有呼吸暂停。一般因产前因素感染的肺炎患儿，在生后3~7天会出现拒乳、精神状态不好、面色差等不典型症状。出生后因外界因素感染的肺炎患儿发病较晚，可出现鼻塞、咳嗽、呼吸快、体温正常或升高等症状。

宝贝得了肺炎，家庭护理很重要，俗话说："三分治，七分养。"那么，宝爸宝妈应该怎样进行家庭护理呢？

- 要注意观察宝宝的体温变化、精神状态、呼吸情况。如果出现发热或其他异常情况要及时就诊。不要给患儿穿太多衣服，被褥也不要太厚，因为过热会使患儿烦躁而诱发气喘，加重呼吸困难。

- 保持室内空气新鲜，保持适宜的温度、湿度，避免对流风，室温最好维持在18℃~22℃，天气干燥时可以应用加湿器。通风时可以把宝宝抱入其他房间，避免着凉而使病情加重。

- 宝宝往往因为鼻塞、呼吸不畅而不愿吃奶，可以少量多次喂奶。喂奶时一定要慢，如果鼻塞严重，喂几口后让宝宝休息一会儿，也可以换用小勺，减少呛奶的机会。

- 可适当喂水，这样可以湿润咽喉部，利于痰液排出。如果宝宝鼻腔内有干痂，可用棉签蘸水后轻轻取出，以保持呼吸道通畅。

- 喂奶后要自下而上轻拍宝宝后背，利于肺部的痰液上行排出。
- 患儿可保持半卧位，头偏向一侧，经常变换体位，勤拍背，可增加肺通气，减少肺淤血，促进痰液排出。
- 患儿高热时，应遵医嘱服用退热药，还可采用酒精擦浴、冷毛巾敷前额等物理降温方法。对于营养不良、体弱的患儿，应用温水擦浴降温。

【温馨提示】

如何预防新生儿肺炎？①妈妈怀孕期间或产后发生感染时一定要及时诊治，防止传染给宝宝。②喂养时注意防止宝宝呛奶。③保持居室空气流通、新鲜。④平时注意预防交叉感染，尽量减少探视，如果家人感冒注意不要接触宝宝或同处一室。

3.孩子维生素K缺乏怎么办

出生1个月的宝宝在注射乙肝疫苗后很快出现注射部位肿块，针眼处不断渗血，护士赶紧进行常规按压，10分钟过去了，30分钟过去了，1个小时过去了，渗血丝毫没有停止的迹象。宝宝这是怎么了？赶紧转到上级医院，病因很快查明了：宝宝血液中严重缺乏维生素K。

新生儿维生素K缺乏症常见于纯母乳喂养、生后未肌注维生素K的宝宝，多发生于出生后2~6天。

维生素K缺乏症的主要表现：新生儿脐带残端出血；鼻腔出血；呕吐物带血；皮肤有出血点或打疫苗时注射点渗血；婴儿突然出现喷射性呕吐、前囟门张力增高（可能发生脑出血，应立即就诊）。因此，需要父母在日常护理时严密观察，尤其是脐带残端和全身皮肤、黏膜情况。

建议新生儿出生后，常规肌注维生素K12mg。尤其是有以下几种情况的新生儿，更要特别注意维生素K的补充。

（1）新生儿出生前，孕母曾接受抗凝血或抗结核药物治疗。

（2）患有腹泻、胆汁分泌减少或胆汁淤积的新生儿，多会发生维生素K吸收障碍。

（3）纯母乳喂养的新生儿在出生后1个月内凝血功能较差时，应引起父母的高度重视，及时去医院肌注维生素K。

4.孩子低血糖怎么办

低血糖可以引起新生儿不可逆的脑细胞损害。刚出生的新生儿就开始喂奶，发生低血糖的并不多，但在早产儿中，发生低血糖的还是不少，因此初为人父人母的我们还是要注意，如果宝宝出现以下情况，小心可能发生了低血糖。

- 出汗：新生儿显性出汗少，如果发现宝宝汗津津的而且面色发白，最好赶紧给宝宝喂奶或者糖水。
- 面色发白：新生儿面色总是红红的，即使肤色白也不会像成人一样，所以如果您发现宝宝的面色不对劲，最好给宝宝喂奶，然后观察是否有改善，并检查宝宝是否有其他异常。
- 吸吮无力：如果您感到宝宝吃奶时无力，要想到发生低血糖的可能。
- 反应低下：新生儿随着日龄增加，觉醒状态的时间会逐渐延长，而且在宝宝清醒时手脚会不停活动。如果不是这样，或宝宝持续睡眠超过4个小时，早产儿持续睡眠超过2个小时，一定要高度注意，最好把宝宝弄醒喂奶或喂些糖水，并观察宝宝的状况是否有改善，不要让新生儿长时间安静不进食。
- 严重者可能出现嗜睡、震颤、阵发性紫绀，但千万不要等到这个时候才发现问题。

新生儿低血糖的高危因素是母亲有妊娠期糖尿病或孕前就有糖尿病。

5.孩子呕吐怎么办

新生儿呕吐的常见原因

- 新生儿溢乳。
- 喂养不当。
- 分娩过程中吞咽过多的羊水。
- 消化道痉挛。
- 消化道梗阻或畸形。
- 内科疾病。

前三者属于功能性呕吐，不需要特殊治疗。如果是后三种情况，就需要积极就诊了。

功能性呕吐的家庭护理

（1）新生儿溢乳

主要表现为吃奶后不久，奶汁就从嘴边滴滴答答流出来，也有一大口吐出的，但吐奶前后，宝宝没有任何不适表现，吐后可以立即吃奶，精神好，不影响生长发育。

（2）喂养不当

喂养次数过于频繁，乳量过多。喂配方奶粉时，调配浓度过高，奶嘴的奶孔过大，喂奶后即刻更换尿布等，都会导致新生儿呕吐，改变喂养方式就可以缓解。

（3）分娩过程中吞咽过多羊水

生后宝宝就开始呕吐，呕吐物中可有咖啡色血性物质或泡沫样黏液，一般持续4~5天，除了呕吐没有其他异常表现。

对于非病理性的呕吐，主要是通过改变喂养方式的办法来解决，随着宝宝日龄增长，这种呕吐症状会自愈。喂奶时最好将孩子抱起来，采用头高脚低位。妈妈要注意乳头卫生，每次哺乳前要用温开水擦洗干净，并用四指托起乳房，拇指置于乳头上的乳晕处，以减慢乳汁的流出速度。人工喂养时，注意奶具要严格消毒，奶嘴孔不宜过大，哺乳后要竖直抱起宝宝，用空掌自下而上轻拍其背部5分钟以上，帮助宝宝打嗝。

【温馨提示】

如果孩子每次吃东西都吐，或伴有腹泻、腹痛、发热等表现，这可能是生病了，尤其表现为喷射性呕吐时就更应该高度警惕，最好立即去医院就诊。对于因疾病引起的呕吐，家庭护理的重点是防止宝宝脱水。宝宝脱水的主要表现为干渴、嘴唇干裂、眼窝凹陷、泪少、皮肤干燥且弹性差、尿少。如果宝宝出现脱水表现也要立刻去医院就诊。

婴儿常见疾病（2~12个月）

1.宝宝百天照，有哭也有笑（2~3个月）

（1）肠绞痛

“天惶惶，地惶惶，我家有个夜哭郎，过路君子念三遍，一觉睡到出太阳。”有的妈妈发现孩子到两个月左右的时候突然变得爱哭了，尤其在夜里哭闹的次数逐渐增多，甚至每天夜里都会出现，这可能是婴儿肠绞痛的表现。肠绞痛通常是消化不良导致的，主要表现为孩子因腹痛而出现的规律性哭闹，尤其是夜晚，每次会持续半小时左右，整个过程持续至少1小时，甚至3~4小时。宝宝不仅是哭，还会叫嚷，甚至把腿蜷到肚子上面，好像疼得难以忍受。所有的安抚似乎都没有效果，持续时间不会超过1分钟，即使中间停止，也会伴有抽泣，很快便是下一次哭闹的开始。最显著的特点是这些举止会在每天几乎相同的时间重复。

家庭护理

- 喂母乳的妈妈少吃一些易引起胀气的食物，如牛奶、甜瓜等。
- 平常多给宝宝顺时针按摩肚子。
- 每次吃完奶后要多拍拍后背，让宝宝吐出吃进去的空气。
- 定时喂奶，一般2个月的宝宝3小时吃一次奶，3个月以上的宝宝4小时吃一次，中间可以适量喂水，规律进食对宝宝肠道功能的恢复有好处。

【温馨提示】

当宝宝出现肠绞痛时，可以通过改变饮食来缓解。吃配方奶的孩子可以换其他牌子试试，母乳喂养的孩子需要妈妈调整自己的饮食，尤其是乳制品的类型。另外，可以尝试各种各样的安抚办法来缓解宝宝的疼痛，比如抱着他边走边轻摇、让他吸吮妈妈的奶头、揉搓小肚子、用温度适宜的暖水袋热敷肚子等。如果能让宝宝的哭闹时间减少，那么您的安抚方法就可以循环往复应用。

引起宝宝哭闹的原因是多种多样的，“啼哭”是宝宝特有的语言，也许是尿布湿了，也许是饿了，也许是冷了……因此，父母要具体问题具体分析，必要时可求助儿科医生。

(2) 湿疹

婴儿湿疹，中医称为“奶癣”，是婴儿期的特发性皮炎，为小儿常见病、多发病。其发病原因不是十分确切，有调查表明主要病因是食物过敏，包括母乳、牛奶及奶粉，另有调查发现多数患儿有家族过敏史，这些患儿可能是先天性过敏体质。

婴儿湿疹初期表现为红斑，逐渐出现丘疹、疱疹，疱疹破溃后出现渗液，甚至继发感染，干后结痂。瘙痒会引起患儿哭闹或搔抓，严重者可影响睡眠，甚至导致生长发育缓慢。

治疗方法

①可遵医嘱给予患儿口服抗组胺类药物。②外用炉甘石洗剂，如果有破溃糜烂可用3%硼酸洗液湿敷。

家庭护理

①避免过热，否则会导致湿疹加重。②衣物及被褥应选用纯棉制品。③用温清水洗浴，避免使用碱性肥皂。④保持患儿指甲清洁，以免搔抓患处而引起感染。

【温馨提示】

不可自行长期外用含激素的软膏，如氢化可的松，以免引发激素依赖性皮炎，形成恶性循环。

2.宝宝上餐桌，问题有点多（4~6个月）

(1) 便秘

判断宝宝是否便秘，要对宝宝大便的质和量进行总体观察，并且要看这种情况对孩子的健康状况有无影响，不能只以排便频率为标准。

如果宝宝的大便呈干燥的块状或小球状，或大便难以排出，甚至因疼痛而拒绝排便，同时伴有腹部胀满、疼痛，食欲减退，就属便秘了。

宝宝便秘的常见原因

- 饮食不合理。宝宝饮食过细，纤维素摄入不足，比如经常吃米粉而不添加蔬菜和水果的宝宝就容易便秘。

- 宝宝排便不规律且缺乏相应锻炼，没有形成排便反射。宝宝经常因为贪玩或其他事情干扰而有意识地抑制排便，使大便长时间堆积于肠道内，水分被吸收，大便干燥而不易排出，久而久之就形成了习惯性便秘。

- 心理因素的影响。如生活环境的改变，会使宝宝故意躲避排便。

- 病理因素的影响。如肠梗阻、直肠或肛门狭窄、先天性巨结肠等。

家庭护理

①让宝宝保持均衡膳食。6个月的宝宝可以逐渐添加辅食，如吃一些果泥、菜泥，或者喝一些果蔬汁，可以增加膳食纤维的摄入量，促进胃肠蠕动，改善便秘。

②训练宝宝定时排便。每天定时用手轻轻地以顺时针方向按摩宝宝的腹部，每次15分钟左右。每天在固定的时间鼓励宝宝排便，比如起床后。坚持一段时间，宝宝每天会在这个时候就想要便便了。

③排除宝宝的心理障碍，给宝宝养成良好的生活习惯。一旦宝宝便秘严重，可以在医生的指导下给宝宝吃些药物来通便，不要让宝宝觉得排便很恐怖。

【温馨提示】

①开始给宝宝吃果泥、菜泥的时候，宝宝的便便中可能会出现一些没有消化的蔬菜，或大便会变稀，提醒妈妈不要紧张，更不要

因此而放弃添加这些食物，因为孩子的胃肠消化功能需要一个逐步适应的过程，坚持3天，如果孩子在第4天还有上述不正常的现象，建议去医院检查。

②单纯靠增加饮水量是不能有效缓解便秘的。孩子便秘多因肠道蠕动较慢，大便中的水分被肠道吸收了，这时再给孩子增加饮水量，水分还是会被肠道吸收的，并不会被干结的大便吸收，因此不能解决问题。

③宝宝便秘时慎用开塞露、肥皂水等方式。虽然这些方法直接、有效，但不能从根本上解决问题。对宝宝来说，便秘的痛苦依然存在，而且经常使用这些东西会让孩子形成依赖，所以最好在医生的指导下谨慎使用。

④不能用把奶粉调稀的方式缓解便秘，这样只会影响宝宝的营养吸收。营养差，宝宝胃肠的蠕动能力会更低，最后只会加重便秘。如果孩子吃一个品牌的奶粉持续便秘，那么可以尝试更换一个品牌。

⑤如果宝宝便秘的同时伴有腹痛、腹胀、呕吐、便血等症状，或宝宝超过5天没有排便，或排便时出现肛门裂伤，则要立刻去医院就诊。

⑥父母要学会取大便标本的方法：最好让宝宝把大便排在干净的便盆或塑料袋上，用不吸水的小棒把大便及水分尤其是大便中红色的部分取上，同时放在密封的容器或干净的保鲜袋内，1小时内送检，不要取尿布或纸尿裤上的便便，更不要把带着便便的尿不湿直接举到大夫的面前，因为此时大便水分已经被吸走，失去了化验和诊断价值。

（2）腹泻

腹泻是指宝宝的大便与之前相比，其所含水分增多，并且次数增加，或大便中带有黏液、颜色异常。具体表现如下：①细菌感染引起的腹泻：大便黏稠呈糊状，每次便量很多，有少量脓血在里面，气味酸臭。②病毒感染引起的腹泻：大便呈蛋花汤样或水样，每次大便水多粪少，大便次数多，里面不含脓血。③消化不良引起的腹泻：大便呈糊状，里面有明显的食物残渣，次数相对少。当然，病因要以医院的化验结果和医生的诊断为准。

宝宝腹泻的常见原因

- 喂养不当：比如奶粉冲泡得太浓太多，或辅食添加不当，水果吃得太多。
- 病原体感染：例如细菌或病毒感染引起的腹泻，宝宝往往还伴有呕吐、发热、食欲差等症。
- 误食药片、植物等引起食物中毒，经常伴有严重的呕吐。
- 乳糖不耐受或对牛奶及辅食过敏。
- 肠道外感染：如中耳炎、气管炎等引发的全身症状。
- 药物副作用：如服用抗生素后。

家庭护理

①照顾宝宝的人饭前便后、更换尿布前后、哺乳和冲泡奶粉前、接触宝宝前一定要洗手，尽量不要让宝宝接触到正在腹泻的人。

②宝宝的奶瓶、奶嘴等喂养工具及玩具要彻底清洁并消毒。

③奶粉要现吃现冲，冲好的奶粉放置超过1小时就不能再喂宝宝了。

④宝宝的蛋白类、脂肪类辅食要暂停，可少量食用半流食加少量青菜，未添加辅食的宝宝每次喂奶量要减少，或把奶粉的浓度调稀，但在宝宝腹泻阶段最好不要轻易更换奶粉的品牌。如果宝宝确定是因

为乳糖不耐受而出现的腹泻，可在医生的指导下为宝宝选用不含乳糖的特殊配方奶粉、黄豆蛋白配方奶等。

⑤要重视臀部护理。每次宝宝拉完大便后要用清水洗小屁股，要仔细清洗会阴及肛门处，然后用消过毒的干布把小屁股擦干，再涂上一层护臀霜或润肤油。尿布要及时更换，保持干燥。

⑥严密观察宝宝，避免出现脱水或电解质紊乱。一旦宝宝出现烦躁、眼窝下陷、皮肤干燥、嘴唇干裂、精神差、尿少，尤其是3小时没尿等表现时，就证明宝宝出现脱水症状了，一定要带他到医院，让医生检查是否脱水，并指导补充水分。这里的补充水分是指要水和电解质一起补充，可在医生的指导下服用“口服补液盐”（新生儿不宜服用）或静脉补液。

【温馨提示】

①腹泻的宝宝慎用止泻药，尤其慎用抗生素。因为腹泻是机体的自我保护反应，有利于排出毒素和不消化的食物，而且宝宝腹泻如果是病毒感染引起的，此时盲目应用抗生素，反而会因为杀死肠道内的正常菌群而加重腹泻。

②宝宝腹泻好了，不要急于进补。因为处于恢复期的宝宝，胃肠道的消化功能和身体的接受能力依然较弱，这时的饮食原则是先从喂奶开始，逐渐过渡到半流食，再到固体食物，量也要从少到多，大概需要2周左右宝宝才能恢复正常饮食。

③如果宝宝腹泻、呕吐一天5次以上，不肯喝水，不小便，哭得非常厉害，甚至意识不清，出现便血等症状时，一定要立即去医院就诊。

（3）过敏

过敏是人体的免疫系统对外来物质发生过度敏感，是一种变态反应性疾病。两种因素可引发过敏：①宝宝本身是过敏体质。②宝宝接触了过敏原。

宝宝过敏主要有呼吸道过敏和皮肤过敏两类，前者主要表现为流鼻涕、打喷嚏、咳嗽、气喘等，后者主要表现为各种皮疹。

家庭护理

①呼吸道过敏

- 避免接触过敏原，如花粉、灰尘、螨虫、动物皮毛等。给孩子多吃一些清淡食物，不要让孩子吃海鲜等含大量异体蛋白的食物。
- 多锻炼身体。因为过敏情况会随环境的改变和人体自身免疫力的强弱而改变。
- 详细记录过敏发生的时间、地点、疾病表现、发病当天的天气情况、饮食、特殊物质接触史、运动情况、用药情况等，就诊时交给医生，协助排查过敏原。
- 要能区分呼吸道感染和呼吸道过敏的不同，不要擅自给孩子用药治疗，需在医生的指导下服用抗过敏药。

②皮肤过敏

- 积极寻找过敏元凶，避免宝宝食用或接触这些过敏原。
- 保持宝宝皮肤清洁、干湿平衡，把宝宝的指甲剪短、剪圆，避免宝宝把自己的皮肤抓破而造成感染。
- 宝宝的被褥、衣物要经常用热水清洗、暴晒，利用紫外线进行消毒。
- 使用外用药时要听从医生的指导，尤其是激素类药物。

【温馨提示】

①房间内尽量不要使用地毯，因为地毯很容易产生过敏原。另外，可将布制窗帘更换为百叶窗，保持房间湿度在50%以内。

②孩子的床上尽量不要放毛绒玩具，家中尽量不要养宠物。

③室内可安装带有过滤功能的空气清新机以净化空气，减少空

气中的悬浮物。

④给孩子购买食物时要注意看清楚食物的成分，不要购买含有过敏因素的食物。

（4）佝偻病

本病因宝宝体内缺少维生素D，使其对钙、磷吸收减少或比例失调所致。正常的钙、磷比例对人体的作用非常重要，例如可维持神经肌肉的兴奋性、促进骨骼发育等。因此，当宝宝患佝偻病后会出现烦躁、多汗、睡眠不好、乏力等症，时间长了还会出现胸部及四肢骨骼变形。

4~6个月的宝宝处于快速生长期，也是最容易缺钙的，主要是维生素D摄入不足，维生素D可促进肠道吸收钙质并抑制钙从尿中排出，但它在食物中含量很少，因此宝宝维生素D的主要来源是晒太阳。此外，宝宝吃奶太少、妈妈在孕期及哺乳期缺钙等也会导致宝宝缺钙。

也许有的妈妈会问："我家宝宝的化验单血钙是正常的呀，怎么说他缺钙了呢？"因为血钙不能代表身体的钙储备。人体有调节自身钙磷代谢稳定的功能，也就是说，血钙维持在正常范围内是生命的基本要素之一。一旦血钙低于正常值，会发生抽搐而危及生命。因为在缺钙的时候，人体无论如何会动员所有的钙储备来保证血钙的正常，这时就会动用到骨骼，骨骼中储存的钙释放到血液中，使血钙维持在正常范围，这也就是我们仅检查血钙而不能看出实际人体已经缺钙的原因。所以，在缺钙的早期，我们应该检测血中维生素D含量或血及骨中碱性磷酸酶含量，而不是查血钙。

如果宝宝被诊断为"佝偻病"，主要措施是补充维生素D，而不是单纯补钙。一般可以口服浓缩鱼肝油或单纯维生素D制剂，注意选用维生素A与维生素D的比例为3:1的制剂，但服用量一定要由医生决定，因为维生素D吃过量了会引起中毒。另外，人体皮下脂肪内含有的活性物质在阳光作用下可以转换成维生素D，过量摄入反而会抑制自身合成维生素D或造成维生素D在体内蓄积而引起中毒。虽然钙是次要因素，但也是必不可少的，在补充维生素D的同时也要补充一定量的钙剂，同时还要多晒太阳，以促进维生素D的合成和钙的吸收。

那么，怎样正确补钙呢？很多家长都是跟着广告走，认为越贵的、含钙量越多的产品就越好，因此陷入盲目补钙的误区中。其实对孩子来说，并不是含钙量越多越好，每天摄入100mg左右为宜。另外，因为宝宝需要每天吃，所以选择宝宝喜欢的口味也是非常重要的。如果宝宝每天已经在补充维生素D了，就应该选择不含维生素D的制剂，而且最理想的补钙方法也是分别服用维生素D和钙制剂。最重要的是，要选择信誉高、质量有保证的产品。

其实，对于主食是奶的小宝宝来说，不是人人都缺钙的，一般半斤牛奶含钙量就高达300mg，配方奶粉还会略高，母乳含量略低。如果孩子每天吃奶量达到700~900mL，基本上就可以满足每天钙的需要，如果奶量不足可以补充一定量的钙。但补钙的时间最好在吃奶后30分钟左右或晚上睡觉前，不要在吃完植物性食物后立即补钙，这样会降低钙的吸收率。

不过，预防的意义永远大于治疗。我们正确做到预防宝宝缺钙最重要。第一，妈妈在怀孕期间就应该经常外出晒太阳，多吃富含维生素D和钙的食物，从妊娠5个月开始补充维生素D和钙剂，但剂量要遵医嘱；第二，母乳喂养尽量坚持到宝宝6个月以上，妈妈在哺乳期也要注意补充钙和维生素D；第三，及时添加辅食，4~5个月可以加蛋黄，10个月就可以加些猪肝、羊肝、奶制品等辅食，如果母乳不足要选择配方奶粉作为代乳品；第四，经常带宝宝到户外晒太阳，以每天不少于2小时为宜，阳光强烈时把宝宝带到阴凉处也同样可以获得紫外线的照射；第五，在医生的指导下及时补充维生素D。

3.补锌又补铁，防病又造血（7~9个月）

（1）感冒

感冒可谓是婴儿最常见的疾病之一，因为宝宝鼻腔短、无鼻毛，加之气管和肺脏功能还没有发育完善，所以一不小心就会患上感冒。宝宝感冒的主要临床表现是流涕、鼻塞、打喷嚏，甚至出现发热、咳嗽、食欲差等。病程一般持续3~5天，不超过1周，常伴有呕吐、腹泻等胃肠道症状。如果症状逐渐加重，一定要积极就诊，以排除其他感染性疾病。

如果父母在日常生活的一些细节中多加注意，感冒还是可以避免的。

- 宝宝睡着了一定要避免受风，不管是在室内还是在户外，都要非常注意。
- 忽冷忽热也会导致宝宝感冒，比如把宝宝从烈日炎炎的室外带到冷气开放的室内，或者冬天从温暖的室内把宝宝带到寒冷的室外，或者带宝宝乘坐有冷暖气开放的车辆，上下车时没注意增减衣服。
- 夜里睡觉前盖得太厚，宝宝出汗之后把被子踢开，而宝爸宝妈睡着了没有发现。
- 宝宝出汗后马上洗澡，这也是感冒的诱因。

宝宝感冒了，父母应该如何进行家庭护理？

- 如果宝宝鼻塞，喂奶前一定要帮助宝宝认真清理鼻腔；但如果不是鼻涕堵塞，而是鼻黏膜充血水肿导致的，应该在孩子的鼻根部热敷。宝宝能顺利吃奶也就不会那么烦躁了。
- 不要过多服用退热药及感冒药。如果宝宝状态不错，能正常吃奶、睡觉，几天后会逐渐好转，即使有点发热，也不必过多用药。

- 不要动辄就应用抗生素。预防性应用抗生素是滥用抗生素的最常见现象，也是使宝宝对抗生素产生耐药性的主要原因。

- 让宝宝多休息，多饮水，预防并发症，并严密监测体温变化，如果出现高热、精神差、呕吐加重、嗜睡等症状则要及时看医生。

【温馨提示】

感冒是自限性疾病，病菌在体内有一定的生存期，所以不要着急，到时间自然会好转。但是即使感冒好了，孩子可能会持续咳嗽一段时间，建议家长要遵医嘱及时停用抗生素，因为一直用药对宝宝是有害而无利的。感冒期间孩子出现腹泻是正常现象，一般是病菌侵袭了胃肠道或宝宝的消化功能降低导致的，所以如果宝宝进食量减少时，不要硬逼着孩子进食，这样只会增加胃肠道的负担。

（2）缺铁性贫血

缺铁性贫血，是指由于体内铁缺乏致使血红蛋白合成减少的一种小细胞低色素性贫血。贫血对宝宝的健康危害较大，因此是重点防治的小儿疾病之一。

宝宝缺铁的主要原因包括先天性储铁不足、铁摄入量不足、生长发育快、铁的吸收障碍及铁的丢失过多等。

缺铁性贫血的患儿主要表现为皮肤、黏膜逐渐苍白，以唇、口腔黏膜及甲床最为明显，这也是需要父母在日常护理时严密观察的，一旦出现异常可以及时发现，积极治疗。另外，由于骨髓外造血的反应，宝宝可能出现肝、脾轻度肿大。还有少数宝宝表现为食欲下降及异食癖，常有烦躁不安或萎靡不振，智力多低于同龄儿童，还可因上皮组织异常而出现反甲。

家庭护理

- 及时添加辅食，生后6个月的婴儿如果不及时添加辅食，储存的铁用完后就会出现贫血。人工喂养的婴儿，在没有添加辅食前建议喂强化铁的配方奶粉。

- 对早产儿、低体重儿应在出生后2个月开始给予口服铁剂预防。

【温馨提示】

人体内的铁主要来源于食物，因此要给宝宝吃含铁量高的食物，例如黑木耳、海带、猪肝等，其次是瘦肉、蛋类和豆类，奶类、蔬菜、粮食中含铁量相对较少，而且吸收率较低。另外，维生素C和维生素A有促进铁吸收的作用，因此要给孩子吃适量水果。如果宝宝贫血明显，不能靠饮食有效纠正，应在医生的指导下口服或注射铁剂，严重者甚至需要输血治疗。

（3）锌缺乏

朋友家的宝宝7个多月，食欲一直不是很好，去医院化验发现“发锌”（头发的锌元素含量）偏低，于是开始补锌，每天10mg，坚持服用两个多月，回医院复查发现发锌更低了，这时妈妈可就慌了，但又不忍心给宝宝抽血查血锌，而且还听说“锌吃多了会中毒”。是继续吃还是停掉？妈妈不知道该如何是好了。

首先，发锌的测定受很多因素的影响，例如头发的生长时间、生长速度、标本的采集部位、头发的洗涤方法及洗发用品、环境污染情况等。那么血锌就准确吗？其实也未必。因为血锌受标本放置时间、标本是否被污染及宝宝近期饮食情况等影响。由此可见，锌缺乏的诊断不是很随便的。

缺锌的宝宝主要表现是厌食、身材矮小、性成熟障碍、免疫功能低下、脱发、皮疹等。

母乳中锌含量较高，因此母乳喂养的宝宝不易缺锌，随着月龄的增加，开始添加蛋黄、瘦肉、鱼、动物内脏、豆类、坚果等含锌量丰富的食物，从这些辅食中宝宝也能摄取到足够的锌。即使是人工喂养的宝宝，因为配方奶粉中也含有锌，甚至有强化锌的奶粉，一般情况下也不会缺锌。因此，婴儿期的宝宝没有补锌的必要。

如果宝宝仅有缺锌的症状，但没有化验结果的支持，可以在医生的指导下预防性地给予补锌，6个月以下每日补锌3mg，6个月以上每日补锌5mg，最大量不能超过10mg，连续补充不超过3个月。如果明确诊断缺锌，一定要遵医嘱补锌，不可盲目补充。

4.急疹有缘由，乳牙要保护（10～12个月）

（1）幼儿急疹

宝宝11个月的时候，突然出现高热，体温高达40℃，这是他出生以来第一次发热，而且伴有食欲差，但情绪和精神状态还是不错的，我看了看咽喉也不红，扁桃体也不大，也不咳嗽咯痰，于是我认为肯定是感冒了，给他按时喂了小儿感冒药和退热药，并且增加了饮水量，体温逐渐降至37.5℃左右，但很快又重新升至39℃以上。在家坚持了一天，体温仍然控制不住，无奈带他去医院看儿科，大夫详细检查后发现双肺呼吸音有些粗，血常规完全正常，但还是建议我们静点了抗生素。晚上回家宝宝依然发热，体温仍高达40℃，退热药喂了，抗生素也输了，只能给他物理降温，凉毛巾敷无效，酒精擦浴无效，没办法，把他放进装满温水的澡盆里，半小时后抱出来擦干，试了一下体温，37.2℃，下来了，夜里也一直没再发热，第二天因为实在不想给这么小的孩子静脉滴注抗生素，所以就没再去医院打点滴，在家喂了少量的口服抗生素，体温一直在36.5℃~37.1℃之间，我稍稍放心了一些。下午发现他颈部开始出现玫瑰色不规则的小斑疹，后来很快蔓延至面部、胸腹部、背部及四肢，但孩子的精神状态很好，食欲也逐渐恢复，持续2天后，疹子就逐渐消退了，身上也没留下瘢痕。

幼儿急疹主要表现为不明原因的高热，或持续高热，或间歇高热，持续3~4天，孩子的精神状态一直不错，3~4天后体温降至正常，表现为“热退疹出”。在高热阶段，家长要注意控制体温，可以采用物理降温法，必要时给予口服退热药物，但抗生素是不需要的。另外，要鼓励孩子多饮水，预防脱水的发生。饮食方面要进食易消化且富有营养的食物，以补充因高热而消耗的大量营养和水分。

（2）龋齿

龋齿，也叫“蛀牙”或“虫牙”，是因为牙齿被虫子吃了吗？当然不是。大家都知道，我们的口腔包括牙齿上都会附着很多细菌，每次吃东西时，这些细菌就会和食物中的糖分发生作用，产生一些能腐蚀牙齿的酸性物质，日积月累，牙齿就会被慢慢溶解，继而一块块剥脱而形成牙洞，所以说，“虫牙”并不是牙齿长虫子了。

宝宝比大人更容易患龋齿的原因有很多：宝宝的牙齿排列不紧密，导致食物容易滞留；牙齿发育矿化程度低，爱吃甜食，含着奶嘴睡觉，吃饭时边吃边玩，将饭长时间含在嘴里；宝宝睡眠时间长，口腔活动少，唾液分泌少，口腔自洁能力差，加之不能好好刷牙等。

很多家长认为，宝宝的乳牙最终是要换掉的，所以对于宝宝有龋齿没有引起足够的重视。其实这是非常错误的，因为乳牙要陪伴宝宝10年左右，一旦发生龋齿会影响宝宝的咀嚼，长此以往会影响胃肠功能，导致消化不良。另外，还会影响美观，使宝宝产生自卑感，影响宝宝的心理健康，当然，如果是门牙出现龋齿还会影响宝宝的发音。其实，龋齿同样会影响宝宝恒牙的生长，因为龋齿会使宝宝的整个口腔形成一个容易产生蛀牙的环境，乳牙严重龋齿会导致牙槽骨的炎症，自然会影响恒牙的发育，导致恒牙萌出后畸形、发育不良甚至不能萌出。

另外，要提醒宝爸宝妈，宝宝龋齿要尽早治疗。有父母认为，宝宝吃饭没有受到影响，而且也不疼，要不就先吃点药控制一下。其实，一旦形成龋齿，目前还没有一种药物可以制止它的进一步发展，所以不管是从龋齿的危害来看，还是从时间、精力、财力及宝宝的痛苦程度等各方面来说，都是越早治疗越好。

当然，所有疾病都是预防重于治疗，和宝宝一起养成良好的口腔卫生习惯才是最重要的，所以要从以下几点认真做起：

- 认真刷牙，从宝宝长出第一颗牙齿开始，妈妈就要用纱布缠着手指帮助宝宝清洁牙齿和牙龈，待牙齿快长齐时就可以用小牙刷刷牙了，牙齿要轻轻地上下刷，将每个牙齿的角落、牙缝刷干净，两颗牙两颗牙地刷，至少认真刷10次，当然，靠舌头一侧的牙齿也不能忽略，每次刷牙时间不能少于3分钟。
- 戒除宝宝边喝奶边睡觉的不良生活习惯。
- 家长要养成良好的卫生习惯，不要用嘴给宝宝试食物的温度，更不要将嚼过的食物再喂给宝宝，亲吻孩子的时候，也不要亲吻他的嘴唇。尽量不要在不经意间将微生物传递给宝宝，使宝宝的牙齿处在危险的环境中。
- 不给宝宝食用糖果、巧克力、饼干、蛋糕、果脯等含糖量高的食物。

用药提醒

1.喂药有技巧

（1）维生素D胶丸您喂对了吗

维生素D胶丸是世界卫生组织推荐的预防婴幼儿佝偻病的药物，但是很多妈妈都会把胶丸扎破，然后将液体挤在小勺上或挤进水里喂宝宝。其实这样做部分药物是被浪费的，也会使宝宝摄入的药量不足。最好的方法是：把胶丸放在小勺中，用温水浸泡5分钟，用筷子轻轻按压胶丸，如果胶丸变软且能够被压变形，就可以把胶丸放入宝宝口中，然后用水或奶冲服，胶丸就会被顺利冲入胃中，不会噎着孩子。

（2）药片怎么喂

把药片放在干净的白纸上压成粉末，将药末放入小勺中并加水，然后放入宝宝的舌下，这样不易呛入气管，也可以将药末直接放进奶瓶或蘸在乳头上让宝宝吃。

（3）肛门给药怎么给

肛门给药时一定要注意动作轻柔，姿势正确，否则有可能把宝宝稚嫩的肛门黏膜弄破。应让孩子侧卧，扒开臀部，将药栓轻轻塞入肛门，再横着抱一会儿宝宝，等药物吸收后再放下宝宝。

2.常用药列表

药名	主要成分	功能与主治	用法与用量
婴儿素	白扁豆、山药、白术、新木香、鸡内金、人工牛黄、川贝、碳酸氢钠等	健脾消积，调气止泻，清热止嗽，用于惊风发热，乳食不进，消化不良，食积奶积，腹泻肚痛，咳嗽痰喘	不满周岁服小半包，1~3岁服1包，4~7岁服2包，8~12岁服3包，13岁以上服4包，温开水同服或入口同奶共服，每日2次
大山楂丸	山楂、六曲（焦）、麦芽（炒）	开胃消食，用于食欲不振，消化不良，脘腹胀满	口服，1次1~2丸，1日1~3次，小儿减半
半夏止咳糖浆	法半夏、款冬花、陈皮、马兜铃、苦杏仁、麻黄、瓜蒌皮、紫菀	止咳除痰，主治风寒咳嗽、痰多气逆、胸闷不爽	每次服2调羹，每日3次，温开水冲服，小儿酌减
金银花露	金银花	清热解毒	口服，每次50mL，每日2次
十滴水	大黄、辣椒、小茴香、姜、桉叶油、桂皮、樟脑	解暑止痛，健胃止呕，用于因中暑而引起的头晕、恶心、呕吐、腹痛及肠胃不适等症	口服，成人10~40滴，小儿10~20滴，用温开水冲服
小儿速效感冒冲剂	扑热息痛、咖啡因、扑尔敏、人工牛黄、蔗糖、食用色素及香精	抗感冒药，用于伤风引起的鼻塞喷嚏、头痛、咽喉痛、发热等，伤风初起时服用，见效迅速	1~5岁每次0.5袋，6~9岁每次1袋，9~14岁每次1.5袋，15岁以上2袋。1日3次或遵医嘱，用温开水冲服
板蓝根冲剂（块型）	清热解毒，凉血	用于温病发热、发斑、风热感冒、咽喉肿烂、流行性乙型脑炎、肝炎、腮腺炎	开水冲服，1次1块，1日3次，重症加倍，小儿酌减，预防流感（乙脑）1日1块，连服5日

续表

药名	主要成分	功能与主治	用法与用量
复方穿心莲片	清热、消炎解毒	用于急性菌痢、急性肠炎、上呼吸道感染、急性扁桃腺炎、咽喉炎、泌尿系统感染、皮肤疮疖等	口服，1次4~6片，1日3~4次，小儿酌减
六神丸	麝香、牛黄、珍珠、冰片、蟾酥等	清热解毒，消肿止痛，用于咽喉肿痛、单双乳蛾、烂喉丹痧、痈疽疮疖肿毒	口服，成人1次8~10粒，1岁小儿1次1粒，4~8岁1次5~6粒，9~15岁1次6~8粒，1日1~2次
小儿七星茶	生薏米、谷芽、山楂、淡竹叶、钩藤、蝉蜕、甘草	定惊消滞，用于小儿消化不良，不思饮食，小便短赤，夜睡不宁	开水冲服，每次0.5瓶
小儿安	磺胺二甲基嘧啶、磺胺脒	用于感冒发热、肠炎、吐泻、疮疖脓肿	未满1岁服0.5包，1~2岁服1包，3~5岁服1.5包，6~8岁服2包，9~11岁服2.5包，每日4次，第1次用量加倍

现在的临床医生经常会遇到父母要求给孩子开好药、开贵药，甚至动不动就要求给孩子打针、输液，原因无非只有一个——让孩子尽快好起来，有些医生鉴于目前紧张的医患关系，也就只能顺势而为了。殊不知，这种扩大化的治疗会给宝宝带来伤害。

（1）口服药物隐患多

宝宝发热其实是机体对疾病作出的正常反应。发热使体内的一些酶和细胞的活性增强，使机体的防御能力增强。但父母经常会心急乱用药，盲目给宝宝喂退热药、抗生素，给宝宝造成肝肾负担，引起胃肠道刺激；更严重的是，滥用抗生素不仅对宝宝的身体不利，还会增加病原菌的耐药性，也加大了医疗费用。其实，只要宝宝体温在38℃以下，及时给予物理降温、多饮水等安全有效的降温措施就可以了。

（2）肌肉注射伤害大

现在仍有医生习惯给孩子肌肉注射抗生素，往往要连续打好几天。肌肉注射带给孩子的危害如下：

- 疼痛。肌肉注射后宝宝会感到注射局部疼痛、发胀，一旦碰到打针的部位就会使疼痛加重，多次肌肉注射时还可出现局部包块、腿疼、不能站立或行走。

- 恐惧。肌肉注射会使孩子产生对医院、医生、护士的高度恐惧，甚至会带来今后不必要的就诊的麻烦。

- 并发症。例如注射部位的感染、坐骨神经损伤等。

连成人都不愿意接受的肌肉注射，我们的宝宝真的有必要承受这份痛苦吗？

（3）输液挂水有风险

目前在小儿的疾病治疗中，输液成了越来越普遍的给药方法，因为这种途径给药作用迅速，也可以避免肌注后的疼痛，加之大部分父母都认为输液比吃药效果来得快，不分孩子患的是什么病，就强烈要求医生给输液。但是，输液除了给治疗带来方便之外，就不会给孩子带来伤害吗？

- 输液时血管是开放的，这无疑增加了感染的机会，如果针刺部位消毒不彻底，可能会把细菌带入血液，导致针眼感染甚至静脉炎。虽然这种情况不多见，但也会发生。

- 难以避免的输液反应。因为在药物生产、配置过程中一旦混入污染物，就会变成药物中的致热源，进入患儿体内而引起输液反应，轻的会自行消失，严重的就需要使用抗过敏药，甚至有可能危及孩子的生命。

- 药物的副作用。因为输液时用的药物剂量相对较大，婴幼儿的肝肾功能发育尚不完善，解毒功能较弱，容易受到药物的损害。

- 操作不当导致的患儿种种不适。如果输液速度过快、输液量过大，可能会导致宝宝出现异常哭闹、头痛、呕吐、多尿、水肿等不适，甚至会出现左心衰和肺水肿。

鉴于以上种种风险，医务人员和父母在决定给宝宝输液之前是不是要慎重考虑呢?

第6章 抚触按摩小宝宝，健康成长好娃娃

初次接触小儿按摩是在孩子上幼儿园后，宝宝经常性地感冒、发烧，体质越来越差，这便让我想到了中医小儿按摩。几年前，大家都认为按摩是治病的，却不知也能防病。近些年来，许多按摩保健机构遍地开花，大家越来越重视疾病的防治，尤其是年轻的父母不惜重金带孩子去按摩。这种不吃药、不打针，被奉为“绿色疗法”的小儿按摩俨然已发展成为一种时尚。聪明的宝爸宝妈们开始运用按摩来增强宝宝体质、提高宝宝的抗病能力。其实，小儿按摩并不复杂，只要掌握基本手法和一些基本常识，不必花钱，随时随地在家就能给宝宝做保健按摩。

新手上路

1.按摩可以马上学

按摩即推拿，直接作用于完整皮肤之上，通过按摩手法可加强皮脂腺及汗腺的分泌，清除衰亡脱落的上皮细胞，改善皮肤代谢，增强机体的防卫功能。小儿按摩根据宝宝生长发育的特点，以及按摩手法、按摩穴位的不同，分为保健按摩和病症治疗按摩两种，在下面会分别阐述。这里重点介绍小儿按摩的几个基本常识和基本手法。

2.按摩年龄有讲究

小儿按摩一般适用于9岁以内的小儿。年龄越小，治疗效果越好，尤其是5岁以内的孩子。但这并不代表9岁以上的儿童就不能按摩了，只是随着年龄的增长，孩子对穴位按摩的敏感性会降低，但坚持操作还是可以起到疏通经络、促进血液循环甚至防病治病的作用。

3.按摩油需巧选择

由于按摩时，双手与宝宝娇嫩的皮肤直接接触，需要连续摩擦，为了不损伤皮肤、便于推拿，必须使用一些介质帮助，以避免摩擦力不均或肌肤太干燥而导致宝宝皮肤出现炎症。以前有用葱水、姜汁的，现在有些妈妈会买婴儿矿物油或使用食用油等，其实不太建议家长使用此类产品。因为在按摩过程当中，宝宝的皮肤多少会吸收一些油，由于皮肤娇嫩，有些按摩油容易给宝宝皮肤造成伤害。所以，3个月以内的宝宝是忌用按摩油的。如果要给宝宝使用按摩油，也最好选择纯天然成分的按摩油。在这里告诉大家一种常用介质，就是宝宝用的爽身粉，使用起来非常干爽滑利，既经济又方便。

4.按摩时间有规定

（1）一般情况下，小儿按摩一次总的时间为15～20分钟，每日1次。若是要长时间治疗的小儿慢性病（例如疳积等），1个疗程需7～10天。当然，这些都没有硬性规定，推拿时间的长短需要依据孩子的体质、年龄及病情轻重等灵活运用。

（2）当孩子过饥或过饱时，不宜立即进行按摩，否则会伤到宝宝娇嫩的肠胃，引起腹部不适，婴幼儿会表现出溢乳，甚至呕吐或哭闹不停等症状。

（3）最佳的按摩时间宜在宝宝的两餐之间，宝宝处于清醒、安静状态之下，会专注于某人或某物，与之交谈或逗乐，宝宝会作出反应，这个时候的宝宝也是最可爱的。

5.按出健康讲细节

（1）给小儿按摩时动作一定要轻快、柔和，力度均匀，以免弄伤宝宝细嫩的血管和淋巴管，尤其是给3岁以下的宝宝做按摩时更要注意手法和力度的要求。

（2）忌给患有严重疾病、感染性疾病和急腹症等疾病的患儿按摩，如烧烫伤、湿疹等皮肤破损或皮肤病患儿，严重心脏病、血液病及有出血倾向者，均不宜采用按摩疗法。

（3）按摩环境要求避强光、避对流风，忌温度过低，以免宝宝受风寒而感冒。

（4）按摩者一定要修剪指甲，摘掉戒指、手表等硬物，清洁双手后再给宝宝按摩，以免硬物划伤宝宝的皮肤。

（5）一般3岁以下的婴幼儿忌按摩头顶！因为幼儿的前囟门闭合时间多在12～18个月，如果没有专业的小儿按摩医师指导，家长切勿按摩宝宝头顶处的穴位。

（6）按摩过程当中，若出现孩子不配合或大声哭闹等情况，应立即停止按摩，切忌强行按摩。

6.服务前奏不可少

（1）环境

尽量营造一个舒适安静优雅的环境，避免喧闹嘈杂的噪音污染。推荐大家选择一些轻柔的背景音乐，如钢琴曲或长笛、古琴等传统乐器的演奏，最好是宝宝熟悉的胎教音乐，并在日后每次给宝宝按摩时播放固定的曲目，宝宝一听就知道要开始按摩了，他会非常高兴的。

（2）温度

宝宝需要一个温暖的房间，脱了衣服不会感觉冷，最好是阳光充足的卧室，但要避免过热，否则宝宝会出汗。告诉您一个方法，如果您穿着短袖觉着舒适，那就表明此时的室温是合适的。

（3）安全

要把宝宝放在一个安全的位置上。最好是躺在铺有瑜伽垫（或毛巾毯）的地板上。如果您觉得不方便按摩，也可把宝宝放在大床上。

总之，一定要小心，尤其是在宝宝11周以上会翻身时，家长们更要当心啦。

（4）物品

在按摩前需要准备宝宝的大毛巾、纸巾、按摩介质、宝宝喜爱的玩具、按摩后喝的水等用品。这个因人而异，准备充分点，以备不时之需。

7.按摩手法不复杂

（1）推法

推法是小儿按摩手法中最常用的手法之一，是用拇指或食指、中指的指面沿同一个方向运动。小儿常用的推法有直推法和分推法。

【操作要点】推动的速度要稍快，力度要均匀，轻重视小儿的年龄和体质而定，原则上以不使皮肤发红为度。一般情况下，离心方向为清，向心方向为补，来回往复推为清补。但也有例外的，如推天河水一穴，其方向是向心的，但却属于清法。

（2）拿法

拿法是以单手或双手的拇指与其余四指相对，提拿施术部位和穴位，相对用力地做持续而有节律的提捏。

【操作要点】操作时，以手指指面为着力点，动作要柔和、平稳，要有连贯性，力度适中。

（3）揉法

揉法分为指揉法和掌根揉法，小儿按摩最常用的是指揉法。指揉法是以大拇指或食指指腹紧贴于施术部位或穴位上，进行环形揉动的方法。

【操作要点】操作者手指与小儿皮肤接触面的位置相对固定不

变，力度均匀、柔和，避免来回摩擦。

（4）按法

按法是用手指指腹或手掌按压在穴位上，逐渐用力加压的方法。小儿常用的按法有指按法和掌按法。

【操作要点】用力适度而平稳，不可移动。力量要由轻到重，切不可猛然用力下按。按法常与揉法相结合应用，形成按揉法（复合手法），即先按后揉，或边按边揉。

（5）运法

运法是将拇指指腹或掌指指腹置于施术部位上，做直线或环形反复运摩的方法。

【操作要点】用力要轻，仅在体表做旋转摩擦推动，不带动皮下深层肌肉组织，动作宜轻不宜重，频率宜缓不宜急。

（6）摩法

摩法是以食指、中指、无名指指腹或手掌掌面附着于施术部位，做顺时针或逆时针有节奏的环形抚摩，可分为掌摩法和指摩法两种。

【操作要点】力度要轻柔缓和，此为胸腹、头面部位常用的按摩手法。一般情况下，顺时针摩、缓摩为补法，逆时针摩、急摩为泻法。

（7）捏法

捏法是以拇指、食指两指或拇指、食指、中指三指轻轻提捏肌肉并连续移动的方法。

【操作要点】此法常用于小儿“捏脊”。从尾骨端处的长强穴一直捏到颈部的大椎穴，呈一直线、自下而上捏拿。捏拿时力度要适中，不宜过重或过轻，捏拿肌肉也不宜过多或过少，动作要协调。

（8）提法

提法是拇指、食指、中指三指或拇指与其余四指相对，拿住施术部位的肌肉并向上提起的方法。在小儿按摩手法中，此法常与捏法结合，并应用于捏脊中。

【操作要点】操作时，要以手掌指面着力，动作要缓和有力。通常在捏脊时，每捏3次，将肌肉捏住并向上提拉1次，也称“捏三提一”。

（9）摇法

摇法也是按摩常用手法之一。操作者一手托扶关节近端，一手握住关节远端，使关节做环转摇动。

【操作要点】此法常用于孩子踝关节、腕关节等部位，操作时动作要缓和稳定，用力宜轻，切忌用力过猛。

（10）掐法

用手指指甲缘压在施术部位或穴位上，用力向下压迫但不刺破皮肤的方法，称为掐法。

【操作要点】首先，不要留指甲，以免掐破皮肤。其次，掐法为强刺激手法，常用于点刺穴位（如掐人中），达到“以指代针”之功效。因此，一般在掐后常用拇指指腹轻揉局部，以缓解局部皮肤不适或疼痛。

（11）捻法

捻法是用拇指和食指指腹捏住施术部位，相对用力地做对称性捻线状搓揉动作的手法。

【操作要点】常用于指（趾）关节等部位，操作时拇指和食指的指腹要夹捏住施术部位，做对称交替的旋转捻动，相对用力，力度适中柔和。

【温馨提示】

本章内容需要家长们了解相关穴位知识，可参考中国中医药出版社出版的《儿童常见病特效穴位挂图》。

熟能生巧

【A面：不同时期有不同的方法】

1.新生儿抚触

市场上有各式各样的婴儿用具，像婴儿推车、各种背具，很容易使人忽略对宝宝的搂抱。然而，每个宝宝在降临到这个让他陌生的世界之前，一直在妈妈温暖舒适的子宫里生活，而且可以轻松地飘动、伸胳膊踢腿的。当然，在临盆前的一段日子里，宝宝是被子宫紧紧包裹的，类似被襁褓裹住的感觉。可宝宝在这个密闭的空间里非常有安全感。这就是为什么当宝宝啼哭时一抱就能缓解的原因，因为搂抱让宝宝找到了安全感。

按摩可以帮助宝宝逐渐适应新的环境，使宝宝安心。但由于宝宝的生长周期快，每个阶段都有不同的特征变化，所以按摩需要循序渐进，根据宝宝的体征及对按摩的刺激反应，实施不同阶段的保健按摩。

细心的妈妈们会发现，当宝宝啼哭时，我们抱抱、摸摸他就好了。为什么呢？因为不论哪个年龄段的人，拥抱和安慰是最有效，甚至可以说是适合所有人的治疗方法。对于新生儿来说，“皮肤与皮肤”的接触更为重要。新生宝宝皮肤特别娇嫩，感觉特别灵敏，此时并不适合给予他有序按摩，但轻柔地抚摸是可以的。抚摸不但能增强母婴之间的融洽关系，还能帮助宝宝快速适应新的环境。

新生儿的抚摸方法可以比较随意，宝宝可以穿着衣服，躺着、抱着都可以进行，视宝宝对抚摸刺激的反应程度来选择宝宝最舒适、乐意接受的体位和方式。

【抚摸方法】

（1）抱着抚摸法

适合刚开始接触抚触的宝宝，可以一手抱着宝宝，另一只手从宝宝的背部往下抚摸至脚底。重复做几次这样的动作。抚摸时，一边观察宝宝的反应（有无烦躁或啼哭等表现），一边轻唱宝宝爱听的小曲，或者尝试与宝宝温柔地交谈。

（2）躺着抚摸法

宝宝接触抚触后，可以尝试让宝宝仰面躺在大床上或者你的大腿上（一定要注意安全）。把你的双手放在宝宝头部两侧，轻轻地从身体两侧抚摸到脚底。重复做几次。宝宝接受后，还可以轻轻抚摸双手（从手腕抚摸到手指）和双脚（从足跟抚摸至脚趾）。重复做两三次即可。

2．2～6个月宝宝的按摩

此阶段的宝宝生长迅速，会专注地盯着你看，会对你的任何举动作出反应。比如，你和宝宝说话，他会笑、会手舞足蹈。其实宝宝是喜欢交流的，也应该得到尊重。妈妈们在给宝宝按摩前，一定要养成询问的好习惯，要征得宝宝的同意才能进行。当你开始按摩前，可以问宝宝：“帮你按摩好不好？你想按摩吗？”倘若一接触宝宝身体并开始按摩时，宝宝就拼命扭头、表情反常甚至哭闹不停，这表示宝宝不愿意接受按摩。此时妈妈就要停止了，另选合适的时间或宝宝高兴时再择机尝试按摩。

对于6个月以下的宝宝，不需要按部就班，非得从头按到脚，也不受时间的限制，这个阶段主要是让宝宝以适应为主。整个按摩顺序是：头面→胸腹→上肢→下肢→背部。保健按摩不同于疾病的穴位按摩，保健按摩侧重于促进血液循环，提高肌肉和肌腱的力量，帮助宝宝身体放松，保持愉悦的心情。但这个阶段的宝宝还小，仰面躺着的姿势为多，所以胸腹、上肢、下肢的按摩占主导地位。如果一次没做完不要紧，抓住合适的机会就给宝宝揉揉、摸摸，主要让他爱上按摩，不排斥就行。

（1）胸腹按摩

【操作要领】

- 按摩宝宝的胸部时，宝宝可能会感觉不舒服，要随时注意观察宝宝的反应。
- 腹部按摩时，一定要顺时针方向进行。
- 千万不要挤压宝宝的胸腔。为了便于宝宝接受，可在洗完澡或游泳后进行。为了让宝宝感觉舒适，可去掉尿布湿后再进行按摩。

【按摩方法】

- 双手放在宝宝肩部，轻轻揉捏，然后顺着宝宝胸部中间向下滑至胸的两侧。重复以上动作3次。
- 右手放在宝宝腹部，用食指、中指、无名指、小指四指指腹在肚脐处做顺时针方向的环形按摩，可以促进肠道蠕动，预防便秘。重复以上动作3次。

（2）上肢按摩

【操作要领】

- 刚开始时，可能宝宝不喜欢手部的按摩，宝宝如果能坐则让其坐着按摩，或等稍大点后再慢慢引进手部按摩。
- 手臂和手的按摩很自由，可随时随地进行。

【按摩方法】

● 双手沿着胳膊轻轻按摩至手腕。双手托住宝宝的一只手，用两拇指指腹在宝宝的手腕内侧做分推法，即从手腕中心向两侧分推或抚摩。重复以上动作3次。

● 然后一手托住宝宝的手，另一只手轻轻按揉宝宝的手指，从大拇指开始，用食指和拇指从宝宝的指根揉至指尖。每个手指都要揉到。此法有助于放松宝宝时常紧握的小拳头。

● 宝宝另一只手的手腕和手部也做同样的按摩。

（3）下肢按摩

【操作要领】

● 动作一定要轻柔，千万注意不要使劲拽拉宝宝的腿。

● 腿、脚的按摩也很方便，可在宝宝换完尿布后顺带完成。

【按摩方法】

● 一手托住宝宝的脚踝，轻轻地把宝宝的一只腿抬起。用另一只手从脚踝沿着大腿内侧向上抚摩，到腹股沟后再滑到腿后方，从臀部沿着大腿外侧向下抚摩到脚踝。

● 按此法按摩另一条腿。

● 双手同时托起宝宝的两条腿，使宝宝的膝盖弯曲，然后轻柔地向腹部方向抬起，并保持3~5秒钟，再放下双腿进行放松。重复以上动作3次。

● 双手轻轻举起宝宝的一只脚，用双手拇指从宝宝的脚后跟按摩至脚趾，从足底中心向脚两侧扩散按摩。重复以上动作3次。

● 按此法按摩另一只脚。

3．6～12个月宝宝的按摩

这个阶段的宝宝不会再静静躺着不动了，而是喜欢坐着，喜欢到处爬。因为宝宝们对周围的环境和一切新鲜事物都会感到好奇和兴奋。他们不会再乖乖躺着让你按摩，会随时翻身爬走。此时，妈妈们可以放一些宝宝喜欢的音乐吸引他们，来完成手部、腿、脚等部位的按摩。此阶段可以引进背部的按摩。

（1）背部按摩

【操作要领】

- 施行背部按摩前，要让宝宝练习趴着，并让他习惯这个姿势，这样才能有效地进行背部按摩。
- 让宝宝横趴在你的大腿上，一定要将大腿并拢，不要留有缝隙，注意要在大腿上铺一块毛巾后再让宝宝趴着。
- 一定注意不要堵着宝宝的嘴和鼻子，以免影响呼吸。还有，不要让宝宝的头部失去支撑。
- 一定要在脊柱的两侧进行按摩，不要直接在脊柱上按摩。

【按摩方法】

- 双手放在宝宝背部脊柱的两侧，从上向下轻轻抚摩至脚踝，然后再从脚踝向上按摩至宝宝的臀部，再用拇指指腹沿脊柱两侧向上做画圈式按摩，直至肩部。重复以上动作3次。
- 还有一种背部按摩法，即将手指张开，两手交替地在脊柱一侧进行扫地式按摩，从肩部按摩到臀部，注意不要抓伤或划伤宝宝。按完一侧后再进行另一侧的按摩。重复按摩3次。

（2）脚部按摩的扩充

【操作要领】

先进行上文介绍的腿部、脚部按摩之后，再进行此项扩充的按摩法。转动脚趾时，动作要轻柔，以防扭伤。

脚上若进行过治疗，如静脉输液，按摩时要避开此区域。

【按摩方法】

一只手轻轻托住宝宝的脚踝，另一只手的拇指和食指轻轻揉捏每个脚趾，从大脚趾开始，依次揉捏。揉捏完每个脚趾后，轻轻地向上提拉，伸展每个脚趾。动作一定要轻柔。同法按摩另一只脚。

找到涌泉穴：位置在足底部，卷足时足前部凹陷处，约当足底第2、3趾趾缝与足跟连线的前1/3与后2/3交点上。托起宝宝的一只脚，用另一手的拇指按压或按揉涌泉穴，注意力度要适中。按摩此穴有消除疲劳的作用。

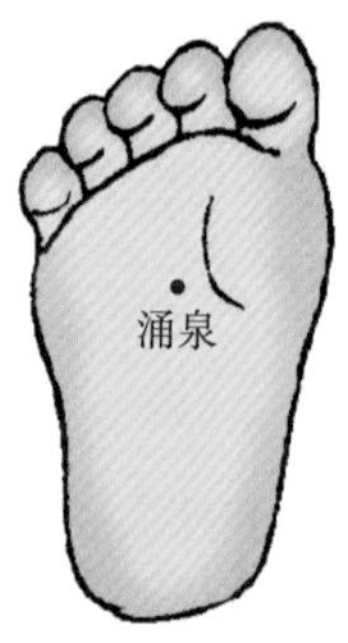

4. 1～3岁幼儿阶段的按摩

此阶段的宝宝开始蹒跚学步了，并且慢慢地越走越稳，逐渐发展到会跑会跳。而且宝宝开始学说话了，从简单的一个词开始，慢慢地会说一句话了，此时正是培养宝宝语言表达能力的最好时机。

小家伙会变得越来越独立和自信，有时会发点小脾气，可能并非所有的宝宝都愿意接受全程按摩。因此，在此阶段给宝宝按摩，需要激发他们的兴趣，按摩前给宝宝放他们爱听的童谣和歌曲，并让宝宝跳起来，参与到其中；在按摩中，教宝宝指认身体各部位的名称，通过按摩学习知识。也可以只在宝宝喜欢的部位进行按摩，不宜强求全程按摩。此时，可引入头面部的按摩。

头面部按摩

【操作要领】

- 不要挤压、按摩宝宝的头顶，因为囟门通常在12~18个月闭合。
- 不要在宝宝头面部抹爽身粉和按摩油。
- 操作时，注意不要捂着宝宝的耳朵。

【按摩方法】

- 让宝宝躺在地板上（注意垫上厚的毛巾垫），妈妈坐在宝宝头部上方的位置。双手放在宝宝脸颊两侧，从下巴向上滑至前额，再用两手拇指放在宝宝的鼻翼两侧，顺着鼻翼向上按摩至印堂，再沿着两眉分推至两侧太阳穴。此举有助于鼻腔畅通，预防感冒。重复以上动作3~6次。

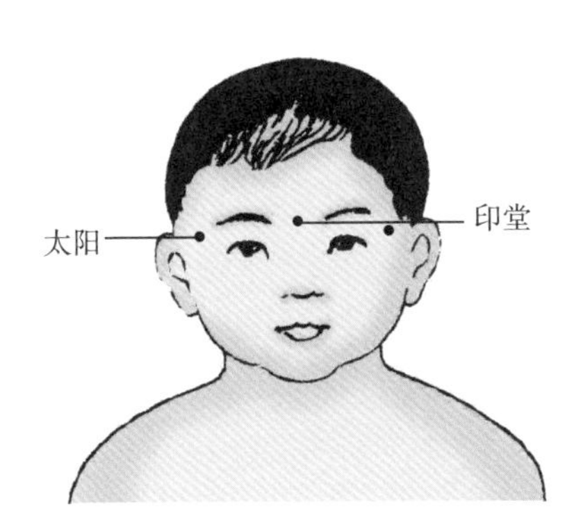

- 双手拇指和食指沿耳郭向下揉搓至耳垂。耳朵可能会发红，没有关系，注意力度，可先在自己的耳朵上练习一下。耳朵上的穴位、神经反射特别多，经常按摩，有助于宝宝身体系统的平衡，促进血液循环。

5. 3～6岁学龄前期的按摩

这个阶段的孩子模仿能力超强，喜欢做游戏，有着各种各样的问题等着你回答。根据这些特点，给孩子按摩时就要综合考虑：怎样才能充分调动他们的积极性，让他们更好地配合按摩呢?

小朋友都爱听故事，可以在睡觉前，一边讲故事一边按摩，孩子会更喜欢。或者一边按摩，一边听孩子讲述他在幼儿园发生的有趣事情，经常和孩子交流感情，促进彼此之间的亲昵关系。要和孩子做朋友!

这个阶段的孩子爱模仿，可以鼓励宝贝给自己按摩，或者给他的朋友甚至是他喜欢的娃娃按摩，让他获得最大的满足感。一般孩子在这个阶段往往会依赖和喜欢按摩，因为他们已经逐渐适应了按摩，同时，按摩给他们减轻了肌肉的酸痛和“生长痛”。此阶段，继续给予宝贝全套程序的按摩，注意按摩的力度可逐渐增加，背部按摩还可引入捏脊，以增强孩子的肠胃功能。

捏脊

【操作要领】

- 双手配合要协调，动作要保持连贯性。
- 向上提捏时，要抓住皮下脂肪，轻轻提捏。

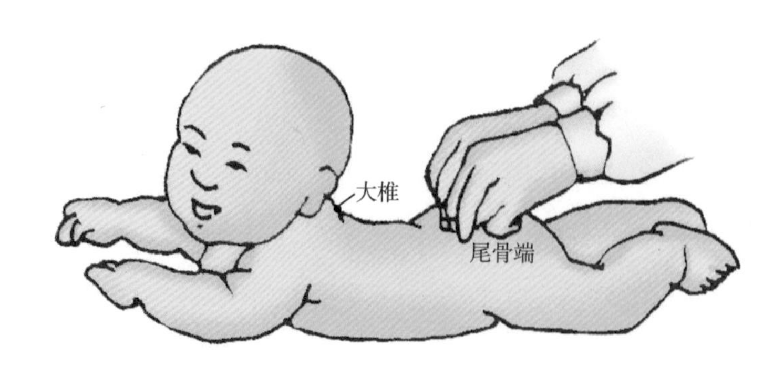

【按摩方法】

- 先按背部按摩法进行按摩，使肌肉放松。
- 双手放在脊柱两侧，使用捏法，从尾骨端一直捏到颈部大椎穴。捏3遍。捏最后一遍时，每捏3下，轻轻用力上提1次。

【B面：疾病都是小儿科】

豆豆住我隔壁，今年刚上幼儿园，每天早上喜欢赖床。可今天怎么叫都不起床，豆豆妈着急了，给她洗了一冷水脸，这下乖乖起床了。但是，豆豆却一直打喷嚏，没多久鼻涕就流出来了，早饭也吃不下，豆豆妈一摸额头，糟了！还有点发烧。这咋又感冒发烧了呢？豆豆妈更着急了，连忙找我求助。

"豆豆又感冒发烧了，上个月刚打完针没多久。怎么办啊？上次乐乐感冒，我看你没让他妈妈带他去医院就好了，说教乐乐妈给乐乐按摩来着，你也教教我呗。"豆豆妈拉住我的手说。"好啊！你先给豆豆测量一下体温，我去准备一下。"豆豆妈给豆豆测的体温是38℃。

1.轻轻松松驱感冒

感冒，是由病毒或细菌引起的上呼吸道感染。一年四季均有发生，秋、冬季最常见，多表现为鼻塞流涕、食欲不振、咳嗽、咽喉肿痛、发热、全身不适等。从中医的角度来说，感冒可分为风热感冒和风寒感冒两类。按摩可提高机体的免疫力，感冒时按摩可缩短病程，平时可预防感冒的发生。以下是感冒的基础按摩疗法，风寒和风热感冒者都适用。

（1）感冒的基础按摩

平肝100次

【位置】食指末节螺纹面。

【操作】用拇指指腹自患儿的食指末节指纹处推向食指尖，称平肝。反之为补，肝主升，非肝极虚者不能妄用补法。推100~500次。

清肺100次

【位置】无名指末节螺纹面。

【操作】用拇指指腹自患儿的无名指末节指纹处推向指尖，称清肺。推100~500次。

推天河水300次

【位置】在前臂内侧正中，自腕横纹至肘横纹呈一直线。

【操作】食指、中指并拢，用指腹自腕横纹推至肘横纹。推100~500次，次数根据小儿的年龄、具体病症而定。

掐五指节

【位置】掌背五指的第1指间关节。

【操作】用拇指指甲掐之。一般掐3~5次。

（2）风寒感冒

特点：宝宝怕冷，多伴有发热、鼻塞、流清涕、咯白痰、咳嗽、四肢酸痛等症状。

加减按摩：在基础按摩手法上，再增加开天门、揉一窝风、补肾水。

开天门100次

【位置】两眉头连线中点至前发际呈一条直线，即额头正中线。

【操作】用两拇指指腹自眉心向上交替直推。推50~100次。

揉一窝风200次

【位置】手背腕横纹中央之凹陷处。

【操作】以拇指或中指指端按揉。一般揉100~300次。

补肾水100次

【位置】小指末节螺纹面。

【操作】用拇指指腹从患儿的小指指尖推至指根连掌处，为补肾水。推100~500次。

（3）风热感冒

特点：嗓子疼，鼻塞，流脓黄涕，咯黄痰，发热重，咳嗽。

加减按摩：在基础按摩手法上，再增加揉小天心、推六腑（高热加推）。

揉小天心100次

【位置】在掌根位置，大、小鱼际交接的凹陷处。

【操作】以中指或拇指指端揉之。一般揉100~300次。

推六腑200次（高热加推）

【位置】在前臂尺侧（小指一面），自肘关节至掌根呈一直线。

【操作】以食指、中指并拢，用指腹自肘关节直推至掌根。一般推100~500次，有清热、凉血之效，只有高热（39℃以上）时才能施行。

2.“葵花圣手”治咳嗽

“我儿子感冒发烧后，一直咳个不停，大夫开的止咳药水都快喝完了也不见效，这可怎么办啊？”听出电话里聪聪妈很着急，于是我说：“带聪聪来我家吧，我试试别的方法。”

咳嗽也是小儿的常见病。许多疾病都可能有咳嗽的症状，如呼吸道感染、肺炎、支气管扩张等。咳嗽主要分为外感咳嗽和内伤咳嗽两类。外感咳嗽多因风、寒、湿、暑等外邪侵入人体而导致咳嗽。特点是发病急，病程较短，常见于感冒。而内伤咳嗽多因饮食、情志等因素使脏腑功能失调而致咳嗽。其特点是病情缓，病程长，并且反复发作。

聪聪的咳嗽属于外感咳嗽。其实，咳嗽并不全是坏事，它是呼吸道的一种自我保护现象。如果感冒后轻微咳嗽，孩子精神良好，父母就不用太担心，鼓励孩子多喝温开水，少吃生冷的食物，不吃油炸、辛辣等刺激性食物，再辅以按摩，可以帮助宝贝早日摆脱咳嗽的困扰。值得注意的是，若感冒后咳嗽剧烈，伴有高热，甚至连呼吸都很困难，应该马上去医院就诊。

咳嗽的基础按摩

开天门100次

【位置】两眉头连线中点至前发际呈一条直线，即额头正中线。

【操作】用两拇指指腹自眉心向上交替直推。推50~100次。

推坎宫100次

【位置】自眉头起，沿眉心向眉梢呈一横线。

【操作】用两拇指指腹自眉头分推至眉梢。推50~100次。

揉太阳穴50次

【位置】眉后凹陷处，即眉梢与外眼角延长线相交的地方。

【操作】用中指指腹在太阳穴上以顺时针方向揉。注意此法宜轻不宜重，宜缓不宜急，在体表揉，不要带动深层组织。揉50~100次。

揉耳后高骨50次

【位置】耳后入发际，乳突后缘高骨下的凹陷处。

【操作】用拇指或中指指端揉之。揉50~100次。

泻肺金200次

【位置】无名指末节螺纹面。

【操作】用拇指指腹自患儿的无名指末节指纹处推向指尖，称泻肺金。推100~500次。

推三关200次

【位置】前臂桡侧（拇指一面），腕横纹至肘横纹呈一直线。

【操作】将食指、中指并拢，以指腹自桡侧腕横纹直推至肘横纹处。一般推100~500次。

推小横纹200次

【位置】手掌面，小指与手掌交界处的横纹。

【操作】将拇指指腹置于患儿小指的掌指关节横纹处，来回推之。一般推100~300次。

3.穴位刺激止腹泻

“菲菲昨天刚过的3岁生日，吃了好多蛋糕，还有薯条、西瓜、芒果……挡都挡不住啊！”都是孩子平日里爱吃的，因为不想让孩子生日当天哭闹不开心，菲菲妈就没有强行阻拦。可第二天，菲菲就腹泻了！稀里哗啦地泻了7次。赶忙去医院打了吊针补液，大夫又给开了吃的药。可不到半个月，因为喝了点肉汤菲菲又开始腹泻了，菲菲妈愁坏了。这腹泻到底是怎么回事？如此反复，孩子哪受得了！

腹泻是婴幼儿常见的疾病，多发生于夏、秋季，主要由于饮食不当或饮食不洁引起消化道细菌感染所致。中医认为，腹泻有四种类型：①伤食型：由于饮食不节，乳食过度或过食肥甘，损伤脾胃导致的腹泻。②风寒型：过食生冷，腹部受寒，脾失运化所致的腹泻。③湿热型：湿热之邪侵入人体，影响脾胃运化所致的腹泻。④脾胃虚弱型：先天不足，或久泄伤脾，脾虚所致的腹泻。

菲菲的腹泻属于伤食型。小儿脾胃娇嫩，因为吃了太多油腻的蛋糕，还有其他食物吃得太杂，损伤脾胃而致腹泻。除了饮食要节制外，辅以按摩手法，调整饮食结构，可逐渐恢复损伤的脾胃。

（1）腹泻的基础按摩

补脾经150次

【位置】在拇指桡侧缘，指尖至指根呈一直线。

【操作】一手托住患儿的左手，另一手以拇指指腹自患儿的拇指指尖桡侧缘推至指根。一般推100~500次。

板门推向横纹20次

【位置】手掌大鱼际平面（板门），自大鱼际至掌后腕横纹上大、小鱼际之间呈一直线。

【操作】用拇指指腹自患儿的拇指指根推向腕横纹，称板门推向横纹。推20次。

摩腹100次

【位置】腹部中间，肚脐周围的位置。

【操作】用手掌按在患儿的腹部并轻轻地逆时针摩动。摩腹100~500次（注意是逆时针）。

推七节骨100次

【位置】第4腰椎至尾骨端（长强）呈一直线（第4腰椎简易取法：胯骨高点连线与脊柱相交之处）。

【操作】用拇指桡侧面自下向上（自尾骨端推向第4腰椎）做直推。推100~500次。

（2）伤食型

特点：腹胀腹痛，泻后痛减，或有呕吐，大便稀溏，内有奶瓣或食物残渣，气味酸臭。

加减按摩：在腹泻的基础按摩手法上，再增加清胃经、清大肠。

清胃经200次

【位置】在大鱼际桡侧，拇指掌面近掌端第1节处。

【操作】用拇指指腹自患儿的掌根直推向拇指根。推100~500次。

清大肠150次

【位置】在食指桡侧缘，由指尖至虎口呈一直线。

【操作】用拇指指腹或侧面，自患儿的虎口直推至食指尖，为清大肠。推100~500次。

（3）脾胃虚弱型

特点：大便稀溏，色淡不臭，时轻时重，面色萎黄，消瘦，易疲倦。

加减按摩：在腹泻的基础按摩手法上，再增加补胃经、补大肠、捏脊。

补胃经200次

【位置】在大鱼际桡侧，拇指掌面近掌端第1节处。

【操作】用拇指指腹自患儿的拇指根直推至掌根。推100~500次。

补大肠150次

【位置】在食指桡侧缘，由指尖至虎口呈一直线。

【操作】用拇指指腹或侧面，自患儿的食指尖直推至虎口，为补大肠。推100~500次。

捏脊5遍

【位置】颈部大椎穴（在颈部，低头时突出最高处下的凹陷处）至尾骨端呈一条直线。

【操作】先在背部轻轻抚摩几遍，使肌肉放松。然后双手放在脊柱两侧，从尾骨端一直捏到颈部大椎穴。捏5遍，捏最后一遍时，每捏3下，轻轻用力上提1次。

4.便秘缓解靠按摩

乐乐妈拿着刚买的开塞露，愁眉苦脸地告诉我："乐乐自打上幼儿园起，三四天才解一次大便，每次便便都哭，想拉又拉不出来，每次便完都说疼，我在乐乐屁眼塞肥皂条也不管用，药店的工作人员建议我买开塞露会好点……”

“这么大的孩子便秘很容易调整过来的，你用开塞露只能解决他一时的痛苦，却不能治疗便秘，经常用还容易形成依赖。”乐乐妈一听，着急了：“那怎么办呀？每次拉大便他都哭，我看着真是心疼啊！”“别着急。小孩子便秘多半与饮食营养不均衡、大便习惯不佳、运动量不够有关。首先要帮助他养成每天定时排便的习惯；其次要多喝水，保证饮食均衡，多吃点蔬菜、水果，适量吃一些粗粮；另外，少给孩子报那些一坐就是一个小时的课外班，周末和放学后多带他玩玩，接触了大自然还增加了运动量，晒了太阳补了钙，强健了体魄还缓解了便秘，一劳多得，赚大发啦。我再教你几招按摩调理的手法，相信乐乐很快就会好的。”“那我得好好学习学习！”乐乐妈听取了我的建议，一周后，乐乐的便秘得到了缓解，一天一次大便，孩子和妈妈都快乐多了！

便秘是由于大肠传导功能失常导致的以大便排出困难、排便时间延长为特征的一种病症。对于宝宝来说，便秘的危害极大。便秘会导致腹胀、腹痛、食欲不振，使毒素重吸收，影响宝宝的体格和智力发育。而且坚硬的大便容易引起肛裂，导致排便时疼痛、出血，宝宝会害怕排便，不敢用力，久而久之形成恶性循环，严重影响孩子的情绪和生长发育。为了孩子，一起来学学防治便秘的基础按摩手法吧。

清补脾200次

【位置】在拇指桡侧缘，指尖至指根呈一直线。

【操作】一手托住患儿的左手，另一手以拇指指腹自患儿的拇指指尖桡侧缘来回推至指根，称清补脾。一般推100~500次。

清大肠200次

【位置】在食指桡侧缘，由食指尖至虎口呈一直线。

【操作】用拇指指腹或侧面，自患儿的虎口直推至食指尖，为清大肠。推100~500次。

摩腹200次

【位置】腹部中间，肚脐周围的位置。

【操作】用手掌按在患儿的腹部并轻轻地顺时针摩动。摩腹100~500次（注意是顺时针）。

清天河水200次

【位置】在前臂内侧正中，自腕横纹至肘横纹呈一直线。

【操作】食指、中指并拢，用指腹从患儿的腕横纹推至肘横纹。推100~500次。

揉龟尾100次

【位置】尾骨端。

【操作】用拇指或中指指腹顺时针揉龟尾。揉100~300次。

5.治疗疳积抚触帮

有些宝宝胖乎乎，又白又嫩的，看了就想“咬”一口。可有的宝宝面黄肌瘦，头发干枯，消瘦得很，像“蔫”了似的。宝妈既着急又心痛，不知道宝宝怎么了。

宝宝厌食，面色发黄，头发干枯，形体消瘦，精神不振或烦躁，可能是得了疳积。多因喂养不当而使脾胃受损所致。

不过，宝爸宝妈们也不必过于担心，此病是由于消化功能障碍导致的，所以只要调理好脾胃，疏通肠道，就能从根源上治愈疳积。但需要一个长期的调养过程，不可能十天半个月就会见效。通过按摩疗法，配合饮食调理，给宝宝全面、均衡的营养，加上适量的运动，就能逐渐恢复宝宝的胃肠功能，使其茁壮健康的成长。

补脾经300次

【位置】在拇指桡侧缘，指尖至指根呈一直线。

【操作】一手托住患儿的左手，另一手以拇指指腹自患儿的拇指指尖桡侧缘推至指根。一般推100~500次。

平肝200次

【位置】食指末节螺纹面。

【操作】用拇指指腹自患儿的食指末节指纹处推向食指尖，称平肝。推100~500次。

摩腹200次

【位置】腹部中间，肚脐周围的位置。

【操作】用手掌按在患儿的腹部并轻轻地顺时针摩动。摩腹100~500次（注意是顺时针）。

揉脐100次

【位置】肚脐。

【操作】用掌根在患儿的肚脐上轻柔地顺时针旋转揉动。揉100~300次。

捏脊5遍

【位置】颈部大椎穴（在颈部，低头时突出最高处下的凹陷处）至尾骨端呈一条直线。

【操作】先在背部轻轻抚摩几遍，使肌肉放松。然后双手放在脊柱两侧，从尾骨端一直捏到颈部大椎穴。捏5遍，捏最后一遍时，每捏3下，轻轻用力上提1次。

第7章 宝宝健康就是妈妈最大的幸福

宝宝身体里的秘密——宝宝为什么长得那么可爱

有人说："每一个宝宝都是一个天使，是上天带给父母最好的一份礼物。"无论你是否曾经为人父母，也无论你与他是否有着亲缘关系，每当一个可爱的宝宝瞪着一双天真无邪的大眼睛注视着你、冲你咧嘴一笑、露出几颗刚刚萌发的乳牙、向你讲述着你无法听懂的baby语时，即使再坚硬的心肠也会被这些萌到了极点的样子所融化，情不自禁想要抱抱他，为他去做你所能做的一切。不知道大家有没有注意到，无论是外国的小孩还是中国的小孩，无论是自己的后代还是别人家的宝宝，肤色样貌虽然各有不同，但他们之间都会有一些让人觉得可爱的共同特点，这些我们觉得惹人怜爱的生理特点背后会不会也有一些科学道理在里面呢？

1.婴儿肥

形容一个人长得可爱，我们常用"婴儿肥"这个词，就是指一个人的脸长得圆圆胖胖，一看就想去捏上一把的样子。宝宝的婴儿肥可不是为了让你去捏着方便的，这胖嘟嘟的笑脸其实对孩子的成长有着非常重要的意义。

新生儿从出生到6个月左右，消化系统的发育还不是很完善，除了母乳以外，基本不适合吃其他的食物，而这段时间恰恰是人这一生中生长发育最快的阶段，所以奶水吃得够不够，吃得好不好，都直接影响孩子成长的速度，而宝宝脸上厚厚的脂肪层正是为了让宝宝能够更快、更有力地吮吸母乳而准备的。

2.唇突

婴儿从出生到1岁左右，如果你仔细观察孩子上唇中间位置的话，你就会发现那里有一个突出的“小肉纠”，让小孩子的唇形显得十分立体、可爱，这个小肉纠叫“唇突”。随着宝宝慢慢长大，唇突会慢慢脱落掉。唇突皮肤的神经末梢十分发达，使得它的感觉特别灵敏，可以帮助宝宝在吃奶时能够迅速、准确地找到乳头，从而在饥饿时能以最快的速度得到母亲乳汁的哺育。

3.可爱的大脑袋

国产动画片《大头儿子》不知道大家有没有看过，里面的大头儿子就是因为那颗可爱的大脑袋而受到了很多小朋友甚至是大朋友们的喜爱。现实生活中的小宝宝，特别是刚刚出生的新生儿，头部占全身的比例也明显大于成年人很多，正是这样特殊的一种生理结构才保证了宝宝能够迅速、顺利地来到这世界。

刚刚出生10分钟的小角马就可以自己站立起来，一个小时以后就能够随着大队角马进行迁徙，而同为哺乳动物的人类要完成这一过程却至少需要一年的时间，所以有人戏称人类的婴儿都是“早产儿”。人类号称万物之长，我们大脑的复杂和发达程度更是其他动物无法企及的，人在胎儿时期除了身体各器官的正常发育以外，更是大脑生长发育最为迅猛的阶段，新生儿一出生，大脑的发育程度已经接近了成人的1/3，所以头部明显大于身体其他部位也属正常。

头部大还有利于孩子的顺利生产，作为胎儿身体宽度最大的部位，再加之头部圆润光滑，十分有利于生产过程中帮助孕妇扩充产道，降低了胎儿生产过程中发生窒息的风险。

4.大肚皮

小宝宝憨态可掬、惹人怜爱的另一个特点就是他们那圆滚滚的大肚皮。带着孩子出去玩，路上时常会遇到老人家逗弄孩子，“看你这大肚皮，吃什么好吃的啦？”其实，这可爱的大肚皮也是婴儿在特殊的生长发育阶段的一个重要特征。我们成人整个肠道的长度一般为5~8m，而婴儿的肠道虽然在绝对长度上不及成人，但他们整个肠道的总长度可以达到身高的6~8倍之多，相对于他们那幼小的身体，这个长度绝对是惊人的。另外，由于小孩的腹壁肌肉发育还很差、力量不足，无法有效地束缚肠道和其他内脏，所以每当小宝宝站起或坐着的时候，就会呈现给我们一个可爱的“大肚皮”了。

5.可以净化灵魂的双眼

人们都说，孩子的双眼是世界上最纯净的地方。如果盯着孩子的双眼看，连你的灵魂也会得到深层次的净化。但更重要的是，婴儿自出生开始，视觉系统发育程度很差，出生1周之内只能模糊地看见眼前8~15cm之内的物体，视力水平也只相当于一个高度近视眼，直到5岁左右才会达到成年人的视力水平。所以，当小宝宝在盯着你看的时候，他很有可能是处在一种模模糊糊、没有焦点的状态，自然看起来会让你有种深陷其中的错觉了。

不可不知的法则——别让爱变成对宝宝的“伤害”

宝宝的爸妈，宝宝的爷爷奶奶、姥姥姥爷，你们对宝宝的爱是毋庸置疑的，但是这种发自内心的“爱”，究竟是“真爱”还是“伤害”？

1.母乳喂养，呵护宝宝新生

无论多贵、多高档的奶粉都比不过妈妈的母乳，更何况频发的奶粉安全事件给所有妈妈们敲响了警钟。在准备孕育宝宝的那一刻，伟大的母亲们，就要在心理上和生理上做好准备了，坚信自己有能力哺喂自己的宝宝，母乳是你给孩子最大、最重要、最贴心、最实用、最有益的第一份人生礼物。吃母乳的宝宝会收获心灵的安稳，收获身体的健康，收获聪明的才智。那么，宝妈们，你们准备好了吗?

2.维护味觉，影响宝宝一生

辅食是宝宝的第二口食物，从添加的那一刻起，将决定孩子一生的健康。清淡天然的食物不会破坏孩子的味觉系统，将引导他远离汁浓味厚的食物，引导他远离“醇香肥美”的诱惑，从而降低他成年后罹患各种和饮食习惯有着千丝万缕关系的慢性病的风险，比如肥胖、心血管病、糖尿病、痛风等。

3.武装自己，保护宝宝成长

孩子不会瞬间长大，新手爸妈要在实践中不断积累自己的育儿经验，“老手”爷奶不能故步自封，也要与时俱进地吸收最新的知识。那么，宝妈要变成“营养师”，宝爸要变成“好医生”，奶奶要变成“好老师”，爷爷要变成“辅导员”。宝妈做出营养均衡的辅食，宝爸熟悉按摩手法，奶奶辅助加指导，爷爷配合也协调。生活在这样的环境和氛围中，宝宝正在偷着乐呢!

每个宝宝都是一座未被开发的宝藏，需要每一位父母和家人用一生去珍惜和爱护。